Hai Bui Ngoc

Représentation des matériaux magnétiques par des courants de surface

Hai Bui Ngoc

Représentation des matériaux magnétiques par des courants de surface

Application aux noyaux ferrites 2D

Presses Académiques Francophones

Mentions légales / Imprint (applicable pour l'Allemagne seulement / only for Germany)
Information bibliographique publiée par la Deutsche Nationalbibliothek: La Deutsche Nationalbibliothek inscrit cette publication à la Deutsche Nationalbibliografie; des données bibliographiques détaillées sont disponibles sur internet à l'adresse http://dnb.d-nb.de.
Toutes marques et noms de produits mentionnés dans ce livre demeurent sous la protection des marques, des marques déposées et des brevets, et sont des marques ou des marques déposées de leurs détenteurs respectifs. L'utilisation des marques, noms de produits, noms communs, noms commerciaux, descriptions de produits, etc, même sans qu'ils soient mentionnés de façon particulière dans ce livre ne signifie en aucune façon que ces noms peuvent être utilisés sans restriction à l'égard de la législation pour la protection des marques et des marques déposées et pourraient donc être utilisés par quiconque.

Photo de la couverture: www.ingimage.com

Editeur: Presses Académiques Francophones est une marque déposée de Südwestdeutscher Verlag für Hochschulschriften GmbH & Co. KG
Heinrich-Böcking-Str. 6-8, 66121 Sarrebruck, Allemagne
Téléphone +49 681 37 20 271-1, Fax +49 681 37 20 271-0
Email: info@presses-academiques.com

Produit en Allemagne:
Schaltungsdienst Lange o.H.G., Berlin
Books on Demand GmbH, Norderstedt
Reha GmbH, Saarbrücken
Amazon Distribution GmbH, Leipzig
ISBN: 978-3-8381-7115-9

Imprint (only for USA, GB)
Bibliographic information published by the Deutsche Nationalbibliothek: The Deutsche Nationalbibliothek lists this publication in the Deutsche Nationalbibliografie; detailed bibliographic data are available in the Internet at http://dnb.d-nb.de.
Any brand names and product names mentioned in this book are subject to trademark, brand or patent protection and are trademarks or registered trademarks of their respective holders. The use of brand names, product names, common names, trade names, product descriptions etc. even without a particular marking in this works is in no way to be construed to mean that such names may be regarded as unrestricted in respect of trademark and brand protection legislation and could thus be used by anyone.

Cover image: www.ingimage.com

Publisher: Presses Académiques Francophones is an imprint of the publishing house Südwestdeutscher Verlag für Hochschulschriften GmbH & Co. KG
Heinrich-Böcking-Str. 6-8, 66121 Saarbrücken, Germany
Phone +49 681 37 20 271-1, Fax +49 681 37 20 271-0
Email: info@presses-academiques.com

Printed in the U.S.A.
Printed in the U.K. by (see last page)
ISBN: 978-3-8381-7115-9

Modélisation µPEEC : représentation des matériaux magnétiques par des courants de surface. Application aux noyaux ferrites 2D

Résumé :

   PEEC (Partial Element Equivalent Circuit) est une méthode permettant de déterminer le circuit électrique équivalent de systèmes composés de plusieurs conducteurs pouvant être le siège de courants induits. Elle est la base du logiciel INCA. Ce logiciel permet la conception et l'optimisation de la connectique mais il ne peut pas rendre compte de l'effet des matériaux magnétiques proches des conducteurs. Afin de dépasser cette limitation, une extension, dite µPEEC, a été développée par Jean-Paul GONNET durant sa thèse. Elle permet de prendre en compte l'influence de matériaux magnétiques homogènes, isotropes au comportement magnétique linéaire.

   Le but de cette thèse est donc de mettre en œuvre la méthode µPEEC pour évaluer, sans avoir recours à des simulations ni à des mesures, la réluctance de circuits magnétiques simples en 2D et afin de prédire leur comportement électromagnétique. Cela revient à chercher le champ créé par un conducteur rectiligne placé dans une fenêtre ronde ou rectangulaire de circuit magnétique comportant ou non un entrefer. Afin d'atteindre ce but, différentes étapes ont été franchies progressivement, en s'aidant de solutions analytiques et de simulations par éléments finis pour valider nos approches. Au final, le lecteur trouvera dans ce travail toutes les formulations, précautions d'application et validations lui permettant d'appliquer µPEEC à son problème.

   Cette étude s'inscrit dans le cadre d'une recherche plus vaste, visant à élaborer le circuit équivalent de transformateurs, avant la réalisation de prototypes, afin d'optimiser ces composants au sein de leurs applications.

Mots clés :

   Electronique de puissance, méthode µPEEC, modélisation électromagnétique, formulation analytique, simulations par éléments finis, outil de calcul.

µPEEC modeling : representation of magnetic materials by surface currents. Application to 2D ferrite cores

Abstract :

   PEEC (Partial Element Equivalent Circuit) is a method to find the equivalent electrical circuit systems composed of multiple conductors are carried in the induced currents. It is the basis for INCA software. This software enables the design and optimization of the connection but it can not account for the effect of magnetic materials near the conductors. To overcome this limitation, an extension, called µPEEC, was developed by Jean-Paul GONNET in his thesis. It allows taking into account the influence of magnetic materials homogeneous, isotropic to the linear magnetic behavior.

   The aim of this thesis is to implement the method µPEEC to assess, without using simulations or measurements, the reluctance of magnetic circuits simple in 2D, and to predict their behavior from electromagnetic design phases. This is similar to finding for the field created by a blade straight conductor placed in a round or rectangular window magnetic circuit with or without an air gap. To achieve this goal, various steps were taken gradually, with the help of analytical solutions and finite element simulations to validate our approaches. At the end, the reader will find in this work all formulations, application and precautions and validations permitting the µPEEC application to his problem.

   This study is part of a larger research aimed at developing the equivalent circuit of transformers, before prototyping to optimize these components in their applications.

Keywords :

   Power electronics, µPEEC method, electromagnetic modeling, analytical formulation, finite element simulations, calculation tool.

TABLE DES MATIERES

INTRODUCTION GENERALE 1

CHAPITRE 1 : FONDEMENTS ET MISE EN ŒUVRE DE LA METHODE μPEEC APPLIQUEE AUX NOYAUX FERRITES 2D 7

1. INTRODUCTION 9

2. MÉTHODE DE CALCUL..................................9

    2.1. Méthode PEEC 9

        2.1.1. Base physique de la méthode.................. 10

        2.1.2. Principe de la méthode PEEC.................. 12

    2.2. Méthode μPEEC................................. 14

        2.2.1. Base physique de la méthode.................. 14

        2.2.2. Introduction du courant surfacique............... 16

        2.2.3. Principe de la méthode μPEEC.................. 18

        2.2.4. Calcul des courants surfaciques................ 18

        2.2.5. Démarche et algorithme pour la méthode μPEEC 20

3. APPLICATION ET VALIDATION 22

    3.1. Exemple de calcul : fil plus un cylindre plein magnétique 22

        3.1.1. Formulation μPEEC........................... 22

        3.1.2. Formulation Analytique...................... 26

        3.1.3. Simulation numérique sous FLUX2D 27

    3.2. Validation des calculs 28

4. CALCUL DE L'ÉNERGIE ET DE L'INDUCTANCE 32

    4.1. Énergie magnétique d'un système invariant par translation 32

        4.1.1. Formule générale 32

4.1.2. Système invariant par translation parallèle à l'axe Oz.... 33

4.2. Exemples de calcul.. 35

4.2.1. Exemple d'une ligne bifilaire constituée de fils
cylindriques 35

4.2.2. Exemple d'une inductance torique 38

    a)   Formulation µPEEC...38
    b)   Formulation analytique...41
    c)   Simulation numérique sous FLUX2D 42

4.2.3. Résultats et validation... 43

5. AUTRES GÉOMÉTRIES TESTÉES... 44

5.1. Barreau plein magnétique 46

5.2. Barreau creux magnétique.. 48

5.3. Barreau creux magnétique avec un entrefer............................ 49

6. CONCLUSIONS ET PERSPECTIVES 51

**CHAPITRE 2 : ANALYSE DES PROBLEMES DUS AUX
REFLEXIONS MULTIPLES DU CHAMP DANS LES
COINS DE FENETRES 53**

1. INTRODUCTION 55

2. INDUCTANCE CONSTRUITE SUR UN CIRCUIT E 55

2.1. Description du circuit étudié.. 55

2.2. Premiers résultats positifs 56

2.3. Constat d'échec 57

2.4. Recherche de la cause de l'erreur... 58

2.5. Sensibilité à la perméabilité 59

2.6. Sensibilité à la discrétisation... 60

2.7. Amplification des coins.. 61

3. NAPPE DE COURANT DANS UNE LAME D'AIR-REFLEXIONS MULTIPLES 63

   3.1. Calcul direct des inductions et déduction des courants de surface 63

      3.1.1. Calcul des inductions et des courants de surface 64

      3.1.2. Calcul des courants de surface par µPEEC 67

   3.2. Réflexions multiples sensibilité aux coefficients de réflexion . 68

4. COIN RENTRANT D'UN MATERIAU MAGNETIQUE 69

   4.1. Description du dispositif 69

   4.2. Mise en équations numériques 70

   4.3. Exemple de résultat 74

   4.4. Comparaison avec FLUX2D 75

   4.5. Mise en équations analytiques 76

   4.6. Recherche analytique des asymptotes 78

5. CONCLUSION 80

CHAPITRE 3 : TESTS D'AMELIORATIONS ET NOUVELLE FORMULATION DE µPEEC 83

   1. INTRODUCTION 85

   2. TESTS D'AMÉLIORATIONS.. 86

      2.1. Dispositif testé 86

      2.2. Incidence du calcul « au milieu » de l'excitation 87

      2.3. Incidence de la concentration au centre du courant 89

      2.4. Conclusion 90

   3. NOUVELLE FORMULATION POUR µPEEC : µPEEC UNIFORME 90

      3.1. Calculs des excitations émises 92

3.1.1. Excitation créée par un élément horizontal j 92

    a) Composante Htx_j...92

    b) Composante Hty_j...93

3.1.2. Excitation créée par un élément vertical j..................... 94

3.2. Calculs des excitations moyennes reçues.......................... 95

3.2.1. Moyenne de l'excitation créée par un élément horizontal

j...95

    a) Elément récepteur i horizontal...95

    b) Elément récepteur i vertical 96

3.2.2. Moyenne de l'excitation créée par l'élément vertical j .. 97

    a) Elément récepteur i horizontal...97

    b) Elément récepteur i vertical 97

3.2.3. Moyenne sur un élément de l'excitation créée par un fil 98

3.3. Calculs du potentiel vecteur créé par un élément 98

4. MISE EN ŒUVRE DE LA FORMULATION µPEEC UNIFORME
ET VALIDATION.. 99

4.1. Cavité rectangulaire dans le matériau magnétique 99

4.1.1. Incidence sur les lignes équipotentielles........................ 99

4.1.2. Densité de courant superficiel 100

4.1.3. Etude de l'induction... 102

4.2. Fenêtre de transformateur. 106

4.2.1. Etude des lignes équipotentielles.................................. 106

4.2.2. Etude de l'induction... 107

4.2.3. Etude de l'énergie 109

5. INTERPOLATION DE LA DENSITÉ DE COURANT 110

5.1. Loi test de variation de la densité de courant.......................... 111

5.2. Diminution de la largeur des éléments à proximité des angles112

5.3. Approximation de la densité de courant par segments de
droites..114

5.4. Conclusion.. 116

6. PROBLÈME DE CONDITIONNEMENT DE LA MATRICE V . 117

7. CONCLUSION 119

CHAPITRE 4 : OUTIL POUR LA DESCRIPTION ET LE CALCUL RAPIDE DES CIRCUITS MAGNETIQUES SIMPLES EN 2D 121

1. INTRODUCTION 123

2. DESCRIPTION DE L'OUTIL 124

2.1. Description de la géométrie 2D 124

2.2. Détermination des segments qui délimitent des matériaux différents 126

2.3. Discrétisation des segments 127

2.4. Calcul des densités de courants superficiels 128

2.5. Calcul des champs, de l'énergie et de l'inductance Al 128

2.6. Exploitation des résultats 128

3. APPLICATION DE L'OUTIL 129

3.1. Application de l'outil afin d'évaluer l'inductance spécifique Al d'un circuit réalisé avec des E du commerce 129

    3.1.1. Circuit à perméabilité élevée de forme E-E et E-I sans entrefer 132

    3.1.2. Circuit à faible perméabilité de forme E-E sans entrefer135

    3.1.3. Circuit E-E avec un entrefer 136

3.2. Cartographie de B^2 et gradient de A dans la fenêtre : image des pertes dans les conducteurs 141

    3.2.1. Circuit E-E avec entrefer 141

    3.2.2. Comparaison des pertes par courants induits entre un circuit E-E avec un entrefer et celui sans entrefer ayant la même inductance Al 144

3.3. Application de l'outil pour connaître la saturation locale des circuits magnétiques... 146

4. CONCLUSION... 148

CONCLUSIONS ET PERSPECTIVES 149

REFERENCES BIBLIOGRAPHIQUES 155

ANNEXES... 163

ANNEXE 1 : CALCUL DU CHAMP MAGNETOSTATIQUE CREE PAR UN FIL RECTILIGNE SUR UN CYLINDRE PLEIN MAGNETIQUE.......................................165

ANNEXE 2 : CALCUL DU CHAMP MAGNETOSTATIQUE CREE PAR DEUX FILS RECTILIGNES SUR UN TORE MAGNETIQUE..176

ANNEXE 3 : CALCUL DE LA SOMME DES COURANTS SUPERFICIELS...............191

ANNEXE 4 : CALCUL DU CHAMP MAGNETOSTATIQUE CREE PAR UN FIL RECTILIGNE SUR UN MATERIAU MAGNETIQUE SEMI-INFINI...........................194

ANNEXE 5 : CALCUL DU CHAMP MAGNETOSTATIQUE CREE PAR UN FIL RECTILIGNE SUR UN EMPILEMENT DE COUCHES MAGNETIQUES INFINI A FACES PARALLELE 203

ANNEXE 6 : DATA SHEET-E58/11/38-PLANAR E CORES..205

Introduction générale

Depuis une vingtaine d'années, l'électronique de puissance a beaucoup étendu son domaine d'application vers les dispositifs de faibles puissances. Des convertisseurs de plus en plus performants et petits sont maintenant présents dans les dispositifs numériques nomades telles que les téléphones, ordinateurs portables, baladeurs ... L'accroissement du rendement qu'elle permet se traduit par d'importantes économies d'énergie électrique et une autonomie accrue. Cette utilisation massive de l'électronique de puissance est due aux évolutions importantes de la structure des convertisseurs et des composants actifs et passifs. Parmi les récents développements, la miniaturisation des convertisseurs liée à l'augmentation des fréquences de fonctionnement est le plus notable. Cependant, pour une puissance équivalente, une diminution de taille met en exergue le rendement puisque les calories sont souvent plus difficiles à évacuer. A l'augmentation des densités de puissance, s'ajoute une problématique liée à la proximité électromagnétique des composants et des dispositifs. En effet, la compatibilité électromagnétique (CEM) conditionne la fiabilité de fonctionnement des systèmes ce qui implique que le comportement des composants doit être prévu dès la phase de conception.

Au coeur des convertisseurs, les transformateurs sont un élément essentiel qui permet le transfert de l'énergie, l'adaptation des niveaux de tension et de courant et l'isolation galvanique de deux parties d'une alimentation. Les transformateurs utilisés en électronique de puissance exploitent, la plupart du temps, des noyaux en ferrite, seuls aptes à autoriser un fonctionnement en haute fréquence (qq. 100 kHz ou MHz). Bien que ces matériaux aient un comportement plus simple que celui des tôles utilisées en basse fréquence, il ne faut pas sous-estimer la difficulté de la modélisation des composants magnétiques passifs (inductances et transformateurs) en haute fréquence. D'une part, l'augmentation des fréquences d'utilisation rend visibles de nombreux phénomènes physiques jusqu'ici négligés et, d'autre part, l'efficacité énergétique de ces dispositifs, parfois supérieure à 99 %, impose aux concepteurs une modélisation de plus en plus fine pour évaluer les pertes résiduelles qui peuvent brûler le composant.

En joignant plusieurs approches complémentaires (magnétostatique, électrostatique, thermique, ...), le concepteur de ces composants peut parfois s'appuyer sur des calculs analytiques. Ses résultats prennent alors la forme de formules, ce qui est idéal pour aborder une optimisation. Cependant, dans bien des cas pratiques, la résolution analytique des équations est trop difficile ou trop longue et il faut chercher une autre voie pour contourner cet obstacle. C'est là qu'interviennent les outils numériques. Ils sont moins limités que le calcul analytique pour résoudre des équations compliquées. En discrétisant l'espace et parfois le temps, ils résolvent les équations différentielles et conduisent à des résultats qui se présentent comme des tableaux de nombres.

On pourrait disserter longuement sur l'intérêt comparé des méthodes analytiques et numériques mais, c'est un fait, aujourd'hui ces deux approches coexistent et tous les chercheurs les utilisent alternativement. Même les plus ardents promoteurs des outils numériques instillent de l'analytique dans leurs logiciels et ils nous proposent des approches semi-analytiques. Dans cette catégorie se trouve la méthode PEEC (Partial Element Equivalent Circuit) [RUE-74] qui sert de base au logiciel INCA développé par le laboratoire. Ce logiciel vise essentiellement à étudier des câblages dans lesquels interviennent des couplages magnétiques involontaires et dont les conducteurs sont le siège de courants induits. Cet outil industriel permet la conception et l'optimisation de la connectique mais il ne peut pas rendre compte de l'effet des matériaux magnétiques proches des conducteurs. Afin de dépasser cette limitation, une extension, dite μPEEC, a été développée au laboratoire [GON-05]. Elle permet de prendre en compte l'influence de matériaux magnétiques homogènes, isotropes au comportement magnétique linéaire (matériaux lhi).

Le but de cette thèse est donc de mettre en œuvre la méthode μPEEC pour évaluer, sans avoir recours à des simulations ni à des mesures, la réluctance de circuits magnétiques simples en 2D, et afin de prédire leur comportement électromagnétique dès les phases de conception. Cela revient à chercher le champ créé par un brin conducteur rectiligne placé dans une fenêtre ronde ou rectangulaire de circuit magnétique comportant ou non un entrefer. Cette étude s'inscrit dans le cadre d'une recherche plus vaste, visant à élaborer le circuit équivalent de transformateurs, avant la réalisation de prototypes, afin d'optimiser ces composants au sein de leurs applications. Avant d'atteindre ce but, différentes étapes ont été franchies progressivement, en s'aidant de solutions analytiques et de simulations par éléments finis pour valider nos approches.

Ce mémoire est organisé en quatre chapitres :

1. Dans ce chapitre, les fondements analytiques de la méthode PEEC seront rappelés. Nous décrirons ensuite l'extension μPEEC de cette méthode à des dispositifs incluant des matériaux magnétiques lhi. Pour valider notre approche, les systèmes cylindriques sont étudiés en confrontation avec les solutions analytiques et les simulations par éléments finis. Enfin, des géométries plus proches de la forme d'un transformateur sont étudiées et quelques résultats significatifs sont présentés pour évaluer le potentiel de la méthode.

2. Dans le deuxième chapitre, nous présenterons l'étude approfondie de l'inductance d'un circuit magnétique E. Contrairement à ce que le premier chapitre laissait espérer, notre méthode est ici mise en échec. Des recherches sont alors menées pour trouver la cause de l'erreur. Pour cerner cette cause, nous analysons les conséquences des réflexions multiples du champ dans la fenêtre, qui semblent être à l'origine de ces soucis.

3. Avec le troisième chapitre, nous commencerons par tester des améliorations de calcul permettant de proposer une formulation μPEEC bien adaptée aux géométries rectangulaires des fenêtres de transformateur. Ensuite, l'application cette nouvelle formulation aux dispositifs ayant posé problème dans le chapitre 2 est réalisée et validée par confrontation avec des simulations par éléments finis. Des

5

propositions visant à améliorer l'interpolation de la densité de courant seront ensuite testées : elles améliorent la précision. Et enfin, le conditionnement de la matrice à inverser est discuté : il peut être une des causes de l'erreur rencontrée dans le chapitre 2.

4. Au dernier chapitre, un outil, qui permet de construire la géométrie et de calculer rapidement les champs et les grandeurs caractéristiques des circuits magnétiques simples en 2D, est présenté. Quelques applications significatives sont présentées, exploitées et discutées.

Chapitre 1

Fondements et mise en œuvre de la méthode µPEEC appliquée aux noyaux ferrites 2D

1. INTRODUCTION

Dans ce chapitre, les fondements analytiques de la méthode PEEC seront rappelés. Nous décrirons ensuite l'extension µPEEC de cette méthode à des dispositifs incluant des matériaux magnétiques lhi. Afin de tester cette méthode dans des cas simples mais néanmoins suffisamment réalistes pour être utiles nous avons provisoirement restreint notre champ d'investigations en tirant parti de deux particularités des composants concernés. Dans bien des situations, ces matériaux se montrent isolants, ce qui permet d'en simplifier l'étude. En outre, de nombreux circuits magnétiques en ferrite présentent des formes simples, descriptibles en deux dimensions. Souvent même, leur coupe peut être dessinée à l'aide de quelques rectangles. Au cours de cette étude nous nous bornons à étudier les composants qui réunissent ces deux propriétés.

Pour étudier les résultats de cet outil, une démarche de validation pas à pas est mise en œuvre. Elle repose sur l'étude de systèmes cylindriques simples pour lesquels les solutions analytiques sont établies. En effet, la forme analytique des solutions permet de jauger la pertinence de la méthode en s'affranchissant des approximations inhérentes à toute discrétisation. Enfin, une modélisation par la méthode des éléments finis est également effectuée à l'aide du logiciel FLUX2D. La comparaison des résultats analytiques et numériques vise à nous faire connaître dans quelle mesure et dans quelles conditions FLUX2D pourra servir de référence quand l'étude analytique ne sera plus possible. Nous porterons une attention particulière aux champs (potentiels et inductions) et aux énergies pour le calcul de l'inductance spécifique.

2. MÉTHODE DE CALCUL

2.1. Méthode PEEC

PEEC (Partial Element Equivalent Circuit) est une méthode qui permet de trouver le circuit électrique équivalent de systèmes composés de multiples conducteurs dans lesquels interviennent des courants induits. Elle est décrite par [RUE-74]. Elle consiste à diviser un conducteur massif

9

parcouru par un courant non uniforme en une multitude de brins conducteurs suffisamment fins pour que le courant de chacun puisse être considéré comme uniformément réparti sur sa section. Cette discrétisation permet de calculer analytiquement le champ créé par ces brins rectangulaires et d'évaluer la matrice impédance de l'ensemble de ces brins. Tous les brins d'un même conducteur massif sont ensuite connectés en parallèle pour déduire la matrice impédance du conducteur massif. Cette matrice impédance traduit alors tous les phénomènes magnéto dynamiques incluant les courants induits. De cette matrice on déduit ensuite un circuit à constantes localisées (R, L et couplages mutuels) qui décrit le comportement en fréquence des dispositifs.

Des études ont été menées, au sein de notre laboratoire [CLA-96], afin d'utiliser cette méthode pour accéder à la répartition des courants dans des conducteurs rectangulaires. Elles ont abouti à la création d'un logiciel de calcul d'inductances de câblage InCa3D® [INCA]. De nombreuses études ont ensuite mis à profit cette méthode et ce logiciel, notamment pour réduire les pertes d'un jeu de barres de distribution [GUI-01] et pour connaître la répartition du courant dans des interconnexions d'électronique de puissance [MAR-05], notamment dans des variateurs de vitesse [AIM-06].

2.1.1. Base physique de la méthode

Considérons un matériau linéaire, homogène et isotrope. Si le champ est sinusoïdal en fonction du temps et si la densité de charge et les courants de déplacement sont négligeables alors les équations de Maxwell qui décrivent les phénomènes s'écrivent comme suit :

$$\overrightarrow{rot}\,\vec{H} = \vec{J} \tag{1-1}$$

$$\overrightarrow{rot}\,\vec{E} = \frac{\partial \vec{B}}{\partial t} \tag{1-2}$$

$$div\,\vec{B} = 0 \tag{1-3}$$

$$div\,\vec{E} = 0 \tag{1-4}$$

De plus, le comportement du matériau est décrit par les deux équations suivantes :

$$\vec{J} = \sigma \vec{E} \tag{1-5}$$

$$\vec{B} = \mu_0 \vec{H} \tag{1-6}$$

Ces six équations décrivent tout le comportement magnétique du milieu considéré. Le potentiel vecteur est introduit par les équations suivantes :

$$\vec{B} = \overrightarrow{rot}\,\vec{A} \tag{1-7}$$

$$div\,\vec{A} = 0 \tag{1-8}$$

$$\vec{E} = -\overrightarrow{grad}U - \frac{\partial \vec{A}}{\partial t} \tag{1-9}$$

En joignant les équations (1-7), (1-6) et (1-1) on obtient l'équation vectorielle de Poisson :

$$\Delta \vec{A} = -\mu_0 \vec{J} \tag{1-10}$$

De la même façon, en joignant les équations (1-9), (1-4) et (1-8) on obtient l'équation scalaire de Laplace :

$$\Delta U = 0 \tag{1-11}$$

De plus, grâce à la transformation de Fourier, à partir de (1-9) et (1-8) on obtient :

$$\vec{A}(\vec{r}) = \frac{\mu_0}{4\pi} \int\limits_{espace} \frac{\vec{J}(\vec{r'})}{\left|\vec{r} - \vec{r'}\right|} dv \tag{1-12}$$

Cette formule permet de calculer facilement le potentiel vecteur dû à un courant uniforme qui circule dans un conducteur de forme simple. Pour un conducteur massif parcouru par un courant non uniforme de direction connue, la discrétisation en brins parcourus par des courants uniformes permet de calculer le potentiel vecteur comme la somme des contributions de tous les brins si l'on est dans un milieu linéaire.

2.1.2. Principe de la méthode PEEC

Des conducteurs massifs, parcourus par des courants unidirectionnels et soumis à des effets de peau et de proximité sont décomposés en une multitude de brins élémentaires qui sont supposés parcourus par des courants uniformes (Figure 1-1).

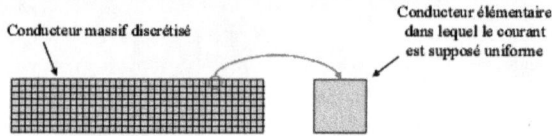

Conducteur massif discrétisé   Conducteur élémentaire dans lequel le courant est supposé uniforme

Figure 1-1 : Discrétisation d'un conducteur massif en brins élémentaires [MAR-06]

Chaque brin élémentaire peut être représenté, de façon schématique, par son inductance propre, sa résistance propre et son inductance mutuelle avec tous les autres. Pour rappeler que ces trois types d'éléments caractérisent une partie d'un conducteur, ils seront qualifiés de partiels. D'un point de vue électrique, la relation matricielle (1-13) regroupe toutes les relations qui résultent de cette représentation.

$$[V] = [Z][I]$$

$$[Z] = \begin{bmatrix} & & 0 \\ & R_i & \\ 0 & & \end{bmatrix} + j.\omega. \begin{bmatrix} & & \\ & M_{ij} & \\ & & \end{bmatrix} \tag{1-13}$$

A ce stade de la présentation de la méthode PEEC, il est nécessaire de préciser les notions d'inductance et de mutuelle partielles. La définition habituelle de l'inductance suppose qu'elle est associée à un circuit fermé. Pourtant, chaque portion d'un circuit contribue à l'inductance totale d'une boucle de courant. En conséquence, l'inductance partielle peut être définie à condition de considérer aussi la contribution à l'inductance crée par un segment sur un autre [SCH-00]. D'un point de vue mathématique, ceci se traduit par la formulation (1-14), M_{ij} représentant la mutuelle partielle entre le segment i et le segment j. Dans le cas où $i = j$ la valeur obtenue correspond une inductance partielle.

$$M_{ij} = \frac{1}{I} \int_{S_i} \overrightarrow{A_{S_j}} . \overrightarrow{dl}$$

(1-14)

Avec :   - A_{S_j} : Potentiel vecteur créé par le segment S_j

   - I : Courant dans le segment

Tous les brins qui constituent un même conducteur massif sont ensuite reliés électriquement en parallèle. Ainsi, toutes les tensions de la matrice $[V]$ sont supposées égales, ce qui constitue l'hypothèse d'équipotentialité des extrémités des conducteurs massifs. Un exemple de circuit équivalent obtenu pour un conducteur découpé en quatre brins élémentaires est présenté sur la Figure 1-2.

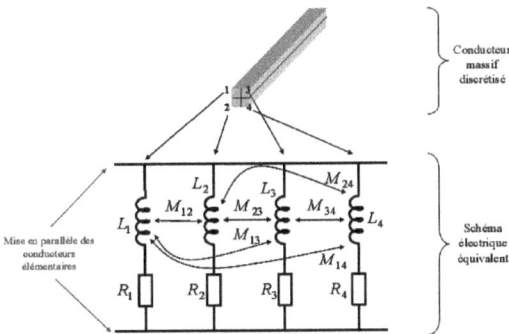

Figure 1-2 : Schéma obtenu après discrétisation d'un conducteur massif [MAR-06]

Le schéma équivalent obtenu (Figure 1-2) est constitué d'éléments localisés. Cela signifie que l'énergie du système peut toujours être transcrite par des éléments localisés à condition d'en introduire un nombre suffisant.

Les formules, nécessaires pour calculer les éléments des schémas équivalents dans le cas de conducteurs rectangulaires, sont présentées dans [CLA-96] ou [GUI-01]. Elles sont basées sur les expressions du champ émis par un conducteur méplat parcouru par une densité de courant uniforme. Ces calculs ne sont valables que si les conducteurs élémentaires sont parallèles ou perpendiculaires entre eux. Toutefois, ces hypothèses ne constituent pas une limitation incontournable de la méthode.

La méthode PEEC présente un autre avantage important. L'air entourant le système n'a pas besoin d'être maillé puisque l'énergie est totalement calculée dans les régions conductrices. Ainsi, pour des simulations de dispositifs nécessitant un maillage important en éléments finis, le temps de calcul peut être écourté de façon drastique puisque seules les zones conductrices doivent être maillées (découpées en zones élémentaires).

L'utilisation de la méthode PEEC est restreinte à des systèmes dont les conducteurs sont entourés d'air, car les matériaux magnétiques sont écartés de la justification théorique. Des travaux récents de notre équipe ont abouti à une formulation spécifique, exploitable en présence de matériaux magnétiques homogènes, isotropes au comportement linéaire [GON-05]. Cette méthode plus complète est maintenant connue sous le nom de μPEEC.

2.2. Méthode μPEEC

Lors de ses travaux de thèse, Jean-Paul Gonnet [GON-05] a développé une extension de la méthode PEEC qui permet de prendre en compte des matériaux magnétiques. Des dispositifs qui utilisent des matériaux magnétiques peuvent alors être modélisés en 2D sous réserve que les matériaux soient linéaires homogènes et isotropes, c'est-à-dire qu'ils soient descriptibles par une perméabilité complexe.

2.2.1. Base physique de la méthode

Dans un milieu magnétique linéaire isotrope, parmi les équations de (1-1) à (1-6), seule l'équation (1-6) est modifiée : la perméabilité relative (scalaire) μ_r est introduite.

$$\vec{B} = \mu_0 \mu_r \vec{H} \qquad \text{(1-15)}$$

Si le milieu est homogène (μ_r identique dans tout l'espace), ce coefficient multiplie la densité de courant de (1-10) partout et donc

14

également dans (1-12).

$$\overrightarrow{A_1}(\vec{r}) = \frac{\mu_0}{4\pi} \int_{espace} \frac{\mu_r \overrightarrow{J}(\vec{r'})}{\left|\vec{r}-\vec{r'}\right|} dv \qquad (1\text{-}16)$$

Quand le milieu magnétique est inhomogène, le calcul du rotationnel introduit un terme complémentaire :

$$\overrightarrow{rot}(\mu_0\mu_r\overrightarrow{H}) = \mu_0(\mu_r\overrightarrow{rot}\overrightarrow{H} - \overrightarrow{H}\wedge\overrightarrow{grad}\mu_r) = \mu_0\mu_r\overrightarrow{J} - \mu_0\overrightarrow{H}\wedge\overrightarrow{grad}\mu_r \qquad (1\text{-}17)$$

Dans ce cas, l'équation de Poisson (1-10) devient :

$$\Delta\overrightarrow{A} = -\mu_0\mu_r\overrightarrow{J} + \mu_0\overrightarrow{H}\wedge\overrightarrow{grad}\mu_r \qquad (1\text{-}18)$$

Par conséquent, le potentiel vecteur $\vec{A}$ est la somme de deux contributions. La première apparaît dans (1-16). Elle est due aux courants sources (libres). La seconde est écrite par (1-19).

$$\overrightarrow{A_2}(\vec{r}) = \frac{\mu_0}{4\pi} \int_{espace} \frac{-\overrightarrow{H}\wedge\overrightarrow{grad}\mu_r}{\left|\vec{r}-\vec{r'}\right|} dv \qquad (1\text{-}19)$$

Les courants libres J_{libre} participent à la conduction macroscopique et donc à l'effet Joule. En revanche, les courants liés $J_{lié}$ doivent être regardés comme des boucles de courants localisées, qui ne participent ni à la conduction ni à l'effet Joule, mais qui génèrent du champ. La loi de comportement se trouve reportée sur l'aimantation :

$$\overrightarrow{M} = \chi\overrightarrow{H} = (\mu_r - 1)\overrightarrow{H} \qquad (1\text{-}20)$$

Puisque l'approche PEEC impose des courants unidirectionnels dans les conducteurs élémentaires, si un dispositif ou circuit magnétique est invariant par translation dans la direction de ces conducteurs, la direction des courants liés est connue : elle est la même que celle des courants de conduction. Par extension de (1-20), il vient :

$$\overrightarrow{J_{lié}} = (\mu_r - 1)\overrightarrow{J_{libre}} \qquad (1\text{-}21)$$

Les courants liés produisent donc un effet de renforcement des courants de conduction qui augmente l'induction $\vec{B}$, mais pas l'excitation $\vec{H}$.

2.2.2. Introduction du courant surfacique

Pour calculer $\vec{A}_2$, considérons un volume V limité par la surface S, d'un matériau magnétique homogène caractérisé par $\mu_r > 1$, entouré d'air. On considère que la perméabilité diminue de μ_r à 1 sur une longueur ε assez petite. Le gradient est alors normal à la surface S. On prend l'intégration dans un domaine de surface S et d'épaisseur ε. Le volume élémentaire est égal au produit de l'élément de surface par l'épaisseur ε.

$$\vec{A}_2(\vec{r}) = \frac{\mu_0}{4\pi} \int_S \frac{-\vec{H} \wedge \vec{n}\,\frac{1-\mu_r}{\varepsilon}}{\left|\vec{r}-\vec{r'}\right|} \varepsilon ds = \frac{\mu_0}{4\pi} \int_S \frac{(\mu_r-1)\vec{H} \wedge \vec{n}}{\left|\vec{r}-\vec{r'}\right|} ds \qquad (1\text{-}22)$$

Manifestement, cette contribution est due à un courant de surface $\vec{K}$ et $\vec{A}_2$ peut être écrit comme :

$$\vec{A}_2(\vec{r}) = \frac{\mu_0}{4\pi} \int_S \frac{\vec{K}}{\left|\vec{r}-\vec{r'}\right|} ds \qquad (1\text{-}23)$$

$$\text{Avec } \vec{K} = (\mu_r-1)\vec{H} \wedge \vec{n} \qquad (1\text{-}24)$$

Maintenant, on peut montrer que le courant de surface $\vec{K}$ est exactement celui qui permet au courant *lié* $\overrightarrow{J_{lié}}$ de rester dans le volume V, sans accumulation de charges sur S.

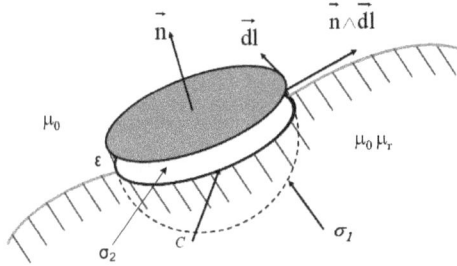

Figure 1-3 : Schéma équivalent obtenu après discrétisation d'un conducteur massif [KER-05]

Considérons une surface ouverte, en forme de demi-goutte, collée sur la face interne de la surface S. Selon (1-21), le courant *lié* I_1 entrant dans cette surface s'exprime en fonction de $\vec{H}$:

$$I_1 = - \int_{\sigma_1} \vec{J_{lié}}\,\vec{ds} = -(\mu_r - 1) \int_{\sigma_1} \vec{rotH}\,ds = -(\mu_r - 1) \int_C \vec{H}\,\vec{dl} \tag{1-25}$$

D'autre part, si le courant $\vec{J_s}$ circule sur S dans une épaisseur ε, il passe à travers la surface σ_2 (Figure 1-3) qui a C comme base et ε comme hauteur. On peut alors le décrire comme un courant de surface $\vec{K} = \vec{J_s}\varepsilon$.

En outre, $\vec{dl}$ étant la longueur élémentaire sur C, la surface élémentaire de σ_2 s'écrit comme suit :

$$\vec{d\sigma_2} = \vec{n} \wedge \vec{dl}\varepsilon \tag{1-26}$$

Cela donne l'expression du courant I_2 sortant de C :

$$I_2 = -(\mu_r - 1) \int_C \vec{J_s}(\vec{n} \wedge \vec{dl}\varepsilon) = - \int_C \vec{K}(\vec{n} \wedge \vec{dl}) \tag{1-27}$$

En remplaçant $\vec{K}$ par son expression (1-24) on obtient (1-28) qui montre que I_2 est, au signe près, égal à I_1.

$$I_2 = -(\mu_r - 1) \int_C (\vec{H} \wedge \vec{n})(\vec{n} \wedge \vec{dl}) = (\mu_r - 1) \int_C \vec{H}\,\vec{dl} \tag{1-28}$$

Le courant qui sort de C est exactement le même que le courant *lié*

17

qui entre dans σ_1. Il n'y a pas d'accumulation de charges sur la surface.

2.2.3. Principe de la méthode μPEEC

Dans ce qui suit, nous n'envisageons que des matériaux magnétiques lhi et isolants. A l'évidence, cette simplification semble bien appropriée aux ferrites mais le principe de la méthode n'impose pas cette restriction simplificatrice.

Dans le cadre de cette méthode, l'étude d'un dispositif incluant des matériaux magnétiques lhi est remplacée par celle d'un dispositif équivalent (Figure 1-4). Dans ce dispositif, tous les matériaux magnétiques sont supprimés et remplacés par de l'air et des courants liés sont ajoutés sur toutes les surfaces qui séparent des milieux magnétiques différents (tant qu'un matériau magnétique est isolant, aucun courant ne circule dans son volume). Dans ce dispositif équivalent, l'induction et le potentiel vecteur sont identiques à ceux du dispositif réel [KER-05]. En revanche, l'excitation magnétique à l'intérieur des matériaux magnétiques ne peut se déduire qu'en divisant, par la perméabilité du milieu réel, l'induction trouvée dans le système équivalent.

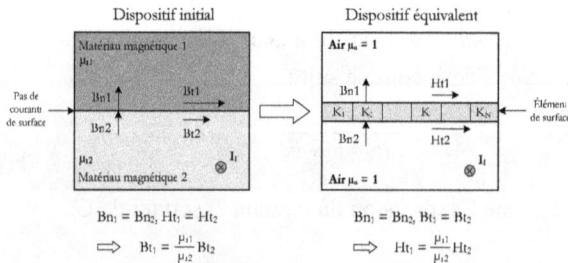

Figure 1-4 : Courants de surface à l'interface entre deux milieux

Le champ créé en tous points d'un tel système est la somme des contributions des courants sources et des courants de surface. Cette discrétisation des interfaces en éléments de surface et les interactions entre tous ces éléments admet une résolution numérique.

2.2.4. Calcul des courants surfaciques

Intéressons nous de façon plus précise, aux conditions de passages entre les deux surfaces de la Figure 1-4 et à l'écriture matricielle qui en découle. Dans le dispositif réel, la continuité de l'excitation tangentielle induit une discontinuité de l'induction tangentielle :

$$Bt_1 = \frac{\mu_{r1}}{\mu_{r2}} Bt_2 \qquad (1\text{-}29)$$

Puisque, dans le dispositif équivalent, les inductions sont identiques et que ce dispositif n'inclut plus de matériau magnétique, les excitations tangentielles de part et d'autre de la surface sont dans le même rapport :

$$Ht_1 = \frac{\mu_{r1}}{\mu_{r2}} Ht_2 \qquad (1\text{-}30)$$

Dans ce dispositif, la discontinuité de l'excitation tangentielle est justifiée par l'existence d'un courant, de densité K (en A/m), circulant sur la surface. Cette densité de courant créé une excitation tangentielle qui s'ajoute d'un côté et se soustrait de l'autre, créant ainsi la discontinuité. Ainsi, si Ht est l'excitation tangentielle appliquée en un point d'une surface, le courant superficiel K (supposé circuler vers l'avant de la figure) assure le bon rapport entre les deux excitations tangentielles :

$$\frac{Ht - \dfrac{K}{2}}{Ht + \dfrac{K}{2}} = \frac{\mu_{r2}}{\mu_{r1}} \qquad (1\text{-}31)$$

Cette relation (1-31) permet d'exprimer K en fonction de l'excitation tangentielle et des perméabilités des matériaux magnétiques (1-32).

$$K = 2\frac{\mu_{r1} - \mu_{r2}}{\mu_{r1} + \mu_{r2}} Ht \qquad (1\text{-}32)$$

L'excitation tangentielle invoquée dans (1-32) provient de deux contributions. L'une, notée Hft est due aux courants des conducteurs sources, l'autre, notée Hst, est créé par les courants superficiel circulant sur toutes les surfaces. L'équation (1-32) peut donc s'écrire sous la forme (1-33)

19

$$K = 2\frac{\mu_{r1} - \mu_{r2}}{\mu_{r1} + \mu_{r2}}\left(Hft + Hst\right) \tag{1-33}$$

En un point i de la surface, l'excitation Hst due à tous les courants superficiels (repérés par l'indice j) dépend linéairement de ces courants, ce qui s'écrit simplement en notation matricielle (1-34). Chaque élément $U_{i,j}$ de la matrice est égal à l'excitation créée tangentiellement sur l'élément i, par l'élément j parcouru par une densité de courant unité. En reportant dans (1-33), on obtient :

$$Hft_i = \frac{1}{2}\frac{\mu_{r1} + \mu_{r2}}{\mu_{r1} - \mu_{r2}} K_i - Hst_i \text{ où } Hst_i = \sum_j U_{ij}.K_j \tag{1-34}$$

$$Hft_i = \frac{1}{2}\frac{\mu_{r1} + \mu_{r2}}{\mu_{r1} - \mu_{r2}} K_i - \sum_j U_{ij}K_j = \sum_j \left(\frac{1}{2}\frac{\mu_{r1} + \mu_{r2}}{\mu_{r1} - \mu_{r2}}\delta_{ij} - U_{ij}\right)K_j \tag{1-35}$$

avec δ_{ij} - symbole de Kronecker

Ainsi, l'excitation tangentielle due aux courants sources peut se déduire de l'ensemble des densités de courant superficielles (1-35). En notant V la matrice impliquée dans cette dépendance linéaire, on obtient (1-36).

$$[Hft] = [V][K] \tag{1-36}$$

Avec : $V_{ij} = \frac{1}{2}\frac{\mu_{r1} + \mu_{r2}}{\mu_{r1} - \mu_{r2}}\delta_{ij} - U_{ij}$

Pour finir, le calcul de la densité de courant superficiel en tout point de la surface est résolu par inversion de la relation (1-36).

2.2.5. Démarche et algorithme pour la méthode μPEEC

Dès que les courants superficiels de tous les éléments sont connus, toutes les autres grandeurs magnétiques du système comme le potentiel vecteur, l'induction et l'énergie, peuvent être calculées. Les étapes d'écriture et de calcul matriciel à franchir pour l'étude d'un dispositif par la méthode μPEEC sont illustrées par la Figure 1-5.

Cette modélisation peut-être qualifiée de semi-analytique parce qu'elle requiert une étape de discrétisation des segments qui délimitent les milieux magnétiques, ce qui mène à une résolution numérique. En revanche, l'écriture des matrices et des interactions entre les densités de courants est analytique.

L'importance relative du numérique et de l'analytique dépend de la finesse de la discrétisation et de la complexité des éléments. Pour l'instant, les effets des courants portés par les éléments sont approchés par ceux de fils fins situés en leur milieu ce qui simplifie les expressions des champs créés. Ces courants pourraient ensuite être répartis sur les éléments, ce qui permettrait de limiter la discrétisation (pour une précision identique). Cette démarche est analogue à celle appliquée dans les codes de calcul par éléments finis pour lesquels l'ordre des fonctions d'approximation peut être augmenté pour relâcher les contraintes de maillage.

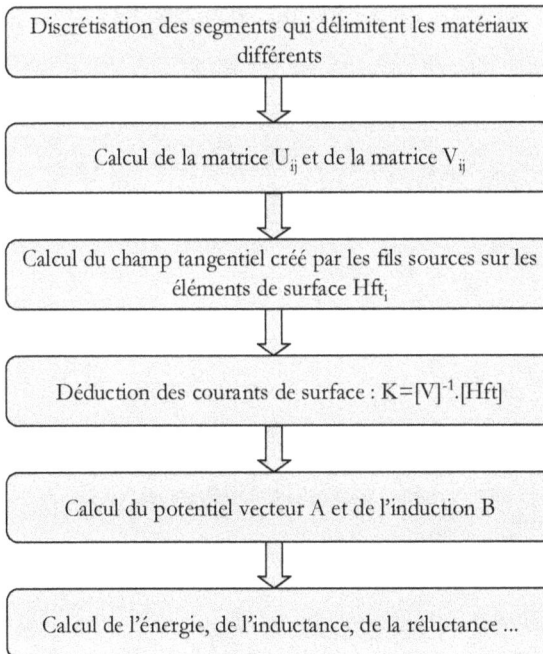

Discrétisation des segments qui délimitent les matériaux différents

$\Downarrow$

Calcul de la matrice U_{ij} et de la matrice V_{ij}

$\Downarrow$

Calcul du champ tangentiel créé par les fils sources sur les éléments de surface Hft_i

$\Downarrow$

Déduction des courants de surface : $K=[V]^{-1}.[Hft]$

$\Downarrow$

Calcul du potentiel vecteur A et de l'induction B

$\Downarrow$

Calcul de l'énergie, de l'inductance, de la réluctance …

Figure 1-5 : Algorithme pour la méthode µPEEC

3.   APPLICATION ET VALIDATION

Les transformateurs qui nous intéressent sont composés de conducteurs rectilignes entourés par un circuit magnétique en ferrite (donc isolant). Ils sont donc accessibles naturellement à la méthode µPEEC. Avant d'aborder un calcul réaliste de ce type, nous commençons par un exemple simple afin d'illustrer la méthode µPEEC et le remplacement du matériau magnétique par des courants de surface.

3.1.   Exemple de calcul : fil plus un cylindre plein magnétique

Prenons l'exemple d'un cylindre plein de rayon R, de perméabilité μ_{r1}, immergé dans un milieu de perméabilité μ_{r2} (Figure 1-6-a). Nous cherchons le champ créé par un conducteur filiforme, parallèle à l'axe du cylindre, localisé en (r_f, ϕ_f) et parcouru par un courant I_f.

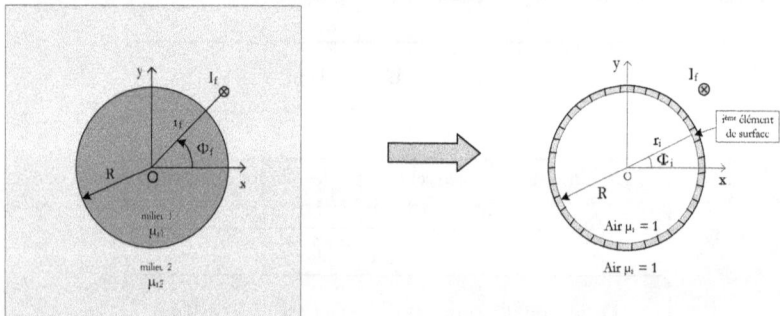

a - *Système réel*   b - *Système équivalent*

Figure 1-6 : Fil à l'extérieur d'un cylindre : système réel et système équivalent

3.1.1.   Formulation µPEEC

Le potentiel vecteur créé par le fil seul à l'extérieur du cylindre est décrit en coordonnées cylindriques par l'expression (1-37). Le courant dans le fil est alors multiplié par la perméabilité du milieu dans lequel il se trouve.

$$Af(r,\phi) = -\frac{\mu_0}{4\pi} I_f \mu_{r2} \ln\!\left[r^2 + r_f^2 - 2rr_f \cos(\phi - \phi_f) \right] \qquad (1\text{-}37)$$

La composante tangentielle de l'induction s'obtient par la dérivation de (1-37). Dans le dispositif équivalent, elle est inchangée et l'excitation associée s'en déduit en divisant par μ_0 puisque les milieux sont considérés comme non magnétiques (1-38)

$$Hft(r,\phi) = \frac{\partial Af}{\partial r} = -\frac{1}{4\pi} I_f \mu_{r2} \frac{2\left[r - r_f \cos(\phi - \phi_f)\right]}{r^2 + r_f^2 - 2rr_f \cos(\phi - \phi_f)} \qquad (1\text{-}38)$$

Le cercle de rayon R est alors discrétisé en N éléments identiques de longueurs $\dfrac{2\pi R}{N}$, repérés par les coordonnées polaires de leur centre :

$$(r_i,\phi_i) = \left[R, \frac{2\pi}{N}\left(i + \frac{1}{2}\right) \right] \qquad (1\text{-}39)$$

Ici, on a concentré le courant superficiel d'un élément à son milieu. Les simulations qui suivent ont été menées avec 200 éléments de discrétisation (N = 200)

Si on nomme K_j la densité de courant surfacique d'un élément j de la surface du cylindre, le courant circulant dans l'élément j est égal à $K_j \dfrac{2\pi R}{N}$.

Pour expliciter la matrice U (1-34), il faut évaluer l'excitation tangentielle créée par un élément j sur un élément i de la surface du cylindre (Figure 1-7).

On utilise la formule (1-38) pour calculer l'excitation tangentielle créée par un courant $K_j.\dfrac{2\pi R}{N}$ situé en (R,ϕ_j) sur l'élément i situé en (R,ϕ_i) (1-40)

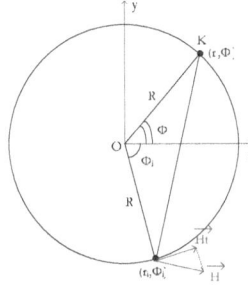

Figure 1-7 : L'excitation tangentielle créée par un élément j sur un élément i

$$Hst_{i,j} = -\frac{1}{4\pi} K_j \frac{2\pi R}{N} \frac{2\left[R - R\cos(\phi_i - \phi_j)\right]}{R^2 + R^2 - 2R.R\cos(\phi_i - \phi_j)} = -\frac{1}{2N} K_j \tag{1-40}$$

L'excitation tangentielle créée par l'élément *j* est la même sur tous les éléments *i*. Cette particularité est due à la forme cylindrique : plus la distance entre les éléments *i* et *j* est grande et plus le champ créé par *j* est tangent à l'élément *i*, ce qui compense l'affaiblissement dû à l'éloignement. Pour cette forme, la composante tangentielle de l'excitation que l'élément *j* créé sur lui-même n'est pas nulle.

La matrice *U* se déduit aisément de (1-40) et, finalement, la matrice *V* prend la forme (1-42).

$$U_{i,j} = -\frac{1}{2N} \tag{1-41}$$

$$V_{i,j} = \frac{1}{2} \frac{\mu_{r1} + \mu_{r2}}{\mu_{r1} - \mu_{r2}} \delta_{i,j} - U_{i,j} \tag{1-42}$$

Il ne reste plus qu'à inverser *V* pour déduire la valeur des densités de courant surfacique *K* selon (1-36).

- **Equipotentielles magnétiques**

Lorsque les densités de courant sont connues, il est possible de calculer les autres grandeurs magnétiques. Le potentiel vecteur magnétique calculé par μPEEC est présenté sur la Figure 1-8 pour le cas μ_{r1} = **2000**, μ_{r2} = **1** et le courant I_f = **1 A**. Pour un problème 2D, les équipotentielles se confondes avec les lignes de flux. Les effets du fil seul (a), des courants superficiels seuls (b) et de l'ensemble (c) sont visualisés sur les six figures (colonne de gauche : fil à l'extérieur du cylindre, colonne de droite, fil à l'intérieur).

a) Fil seul		
b) Courants de surfaces seuls		
c) Fil et courants de surfaces ensemble		
	Fil à l'extérieur du cylindre	*Fil à l'intérieur du cylindre*

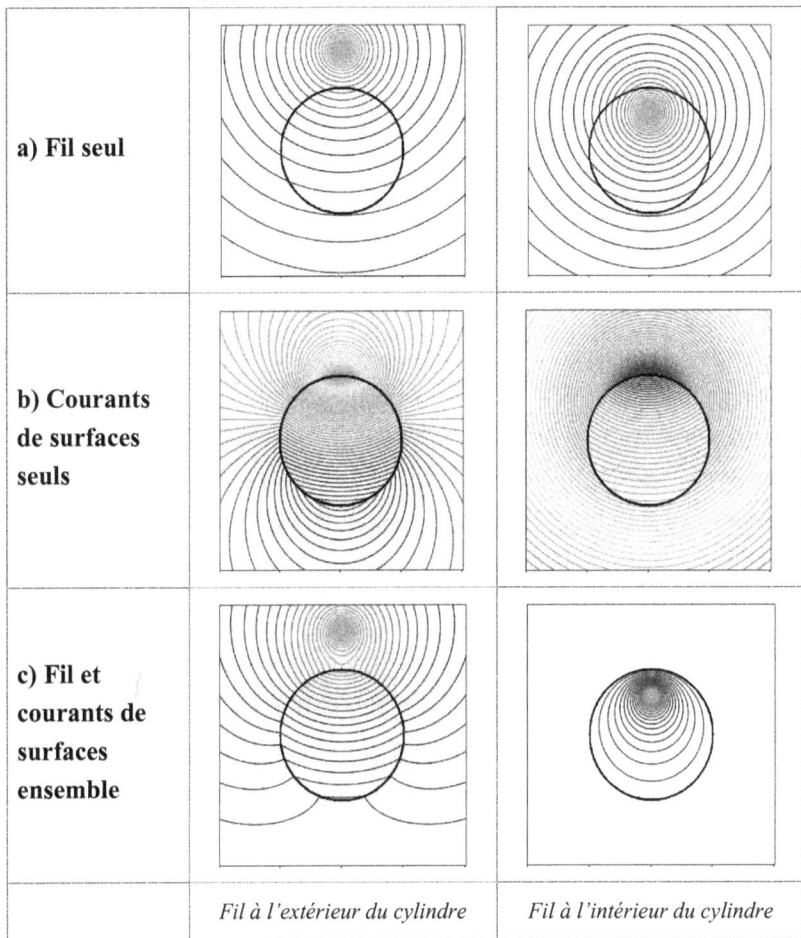

Figure 1-8 : Cartographie du potentiel vecteur magnétique pour le cas μ_{r1} = 2000, μ_{r2} = 1, I_f = 1 A

Les tracés des équipotentielles montrent que, comme attendu, les lignes de flux sont attirées par le matériau magnétique, ce qui donne confiance dans ce résultat issu de μPEEC.

Pour valider la méthode, nous allons comparer ses résultats à ceux des calculs analytiques, considérés comme la référence. Nous les comparerons également à ceux d'une simulation numérique sous FLUX2D. Les comparaisons porteront sur les densités des courants superficiels.

25

3.1.2. Formulation Analytique

La solution analytique de ce
problème est présentée dans l'annexe 1.
Les équations de Laplace et de Poisson
2D sont résolues et ses solutions,
associées aux conditions de continuité sur
la surface séparant les deux milieux,
permettent de déduire les potentiels
vecteurs dans les deux milieux. Pour
notre système, trois types de champs
coexistent :

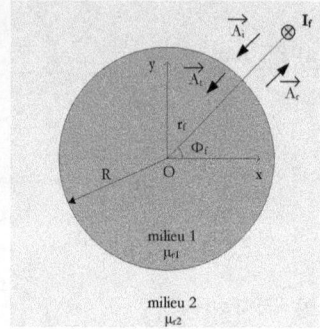

**Figure 1-9 : Principe de réflexion et
de transmission du champ**

- Le champ incident $\vec{A_i}$ qui
correspond à celui émis par le fil.

- Le champ réfléchi $\vec{A_r}$ sur l'interface des deux milieux.

- Le champ transmis $\vec{A_t}$ à travers la surface séparant les deux
milieux.

Le potentiel vecteur dans chaque milieu peut se résumer de la façon
suivante :

- Le potentiel vecteur dans le milieu 1 est celui transmis du milieu
2 vers le milieu 1, il correspond au potentiel émis par le fil
multiplié par le coefficient de transmission $t_{21} = \dfrac{2\mu_{r1}}{\mu_{r1}+\mu_{r2}}$.

$$A1(r,\phi) = \frac{\mu_0}{4\pi}\mu_{r2}I_f t_{21}\ln\left(\frac{r_f^2}{r_f^2 - 2r_f r\cos(\phi-\phi_f)+r^2}\right) \quad\text{(1-43)}$$

- Le potentiel vecteur dans le milieu 2 est la somme du potentiel
vecteur incident et de celui réfléchi par le milieu 1 vers le milieu
2. Le potentiel vecteur réfléchi correspond à celui créé par un fil

positionné en $(r_0 = \dfrac{R^2}{r_f}, \phi_f)$, parcouru par un courant I_f multiplié

par le coefficient de réflexion $r_{21} = \dfrac{\mu_{r1} - \mu_{r2}}{\mu_{r1} + \mu_{r2}}$

$$A2(r,\phi) = \frac{\mu_0}{4\pi}\mu_{r2}I_f \ln\left(\frac{r_f^2}{r_f^2 - 2r_f r\cos(\phi-\phi_f)+r^2}\right) + \frac{\mu_0}{4\pi}\mu_{r2}I_f r_{21}\ln\left(\frac{r^2}{r_0^2 - 2r_0 r\cos(\phi-\phi_f)+r^2}\right) \quad \textbf{(1-44)}$$

- **<u>Courant surfacique introduit par μPEEC</u>**

Dans la méthode μPEEC, les excitations tangentielles calculées en supposant que la perméabilité est partout égale à celle de l'air sont, de part et d'autre de la surface, dans un rapport μ_{r1}/μ_{r2}. Et ce saut d'excitation tangentielle est imputé à la circulation d'un courant superficiel de densité $K(\phi)$:

$$K(\phi) = H2(R,\phi)_\phi - H1(R,\phi)_\phi \qquad \textbf{(1-45)}$$

Ici, l'excitation tangentielle se déduit directement de l'induction associée en divisant par la perméabilité μ_0 du vide (1-46):

$$H_\phi = \frac{1}{\mu_0}B_\phi = -\frac{1}{\mu_0}\frac{\partial A}{\partial r} \qquad \textbf{(1-46)}$$

Nous déduisons sans difficulté l'expression de la densité de courant superficiel $K(\phi)$:

$$K(\phi) = -\frac{I_f\mu_{r2}}{\pi}\frac{\mu_{r1}-\mu_{r2}}{\mu_{r1}+\mu_{r2}}\frac{R - r_f\cos(\phi-\phi_f)}{R^2 - 2Rr_f\cos(\phi-\phi_f)+r_f^2} \qquad \textbf{(1-47)}$$

Ici, on vérifie facilement que le courant total circulant sur la surface est égal à zéro par le calcul numérique de l'intégrale :

$$Itot = \int_0^{2\pi} K(\phi)d(\phi) = 2{,}366.10^{-12} \qquad \textbf{(1-48)}$$

3.1.3. Simulation numérique sous FLUX2D

Une simulation par éléments finis a également été effectuée à l'aide du logiciel FLUX2D [FLUX] (Figure 1-10). Nous appliquons une discrétisation régulière de 100 éléments sur le cercle de rayon R (la taille d'un élément est d'environ 0.6 mm). Le rayon du fil fin est de 0.1 mm. Le rayon intérieur de la boite infinie est égal à trois fois le rayon R du cercle. Dans cette simulation, FLUX2D a utilisé 11940 mailles et le temps de calcul est d'environ 10s.

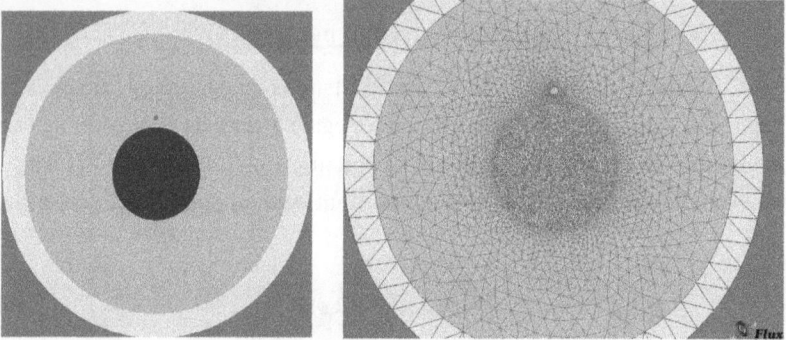

Modélisation du système : En rouge le fil alimenté, en bleu le cylindre plein de perméabilité μ_{r1}, en turquoise le milieu de perméabilité μ_{r2}, en jaune la boite infinie

Figure 1-10 : Vue de la géométrie (à gauche) et de l'ensemble du maillage (à droite)

3.2. Validation des calculs

Pour valider nos calculs, nous comparons les densités de courant surfacique qui circulent sur la surface du cylindre. Pour la solution analytique, la densité de courant en surface est déduite de la différence entre les deux excitations tangentielles d'un côté et de l'autre de la surface selon (1-45).

Pour la simulation sous FLUX2D, c'est le dispositif « réel » qui est modélisé, les densités de courant en surface sont donc nulles. Les densités de courant du système équivalent sont alors déduites des inductions tangentielles. En effet, ces inductions sont égales à celles du système équivalent, ce qui permet, à l'aide de (1-45) se traduit par :

$$K(\phi) = \frac{B2(R,\phi)_\phi}{\mu_0} - \frac{B1(R,\phi)_\phi}{\mu_0} \tag{1-49}$$

Dans ce but, deux chemins C_1 et C_2 respectivement placés en $R\text{-}e$ et $R+e$ (*e très petit*) permettent de relever les inductions tangentielles d'un côté et de l'autre de la surface comme indiqué sur la Figure 1-11.

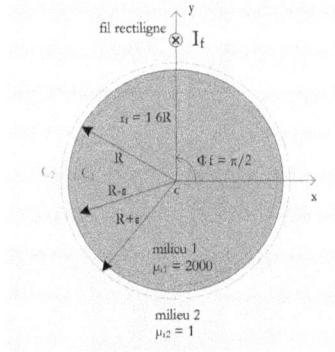

Figure 1-11 : Deux chemins C_1 et C_2 pour relever les inductions tangentielles sous FLUX2D

Pour le système 2D présenté sur la Figure 1-11, la densité de courant est tracée sur le contour d'un cylindre de rayon **R = 1 cm** et de perméabilité μ_{r1} = **2000**, immergé dans un milieu de perméabilité μ_{r2} = **1**. Le fil source, parcouru par un courant I_f = **1 A**, est positionné à l'extérieur du cylindre en r_f = **1.6R**, Φ_f = **π/2**. Les résultats sont présentés Figure 1-12.

29

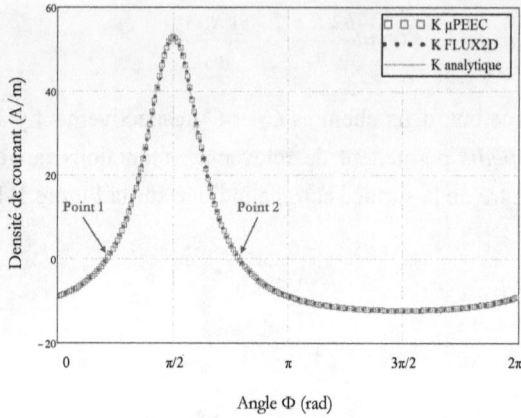

Figure 1-12 : Densités du courant en surface du cylindre

La densité de courant dépend directement du champ tangentiel créé par le fil source et atteint donc sa valeur maximale pour $\Phi = \Phi_f = \pi/2$. A première vue, on trouve une excellente cohérence entre ces trois courbes. Afin d'affiner la comparaison, l'erreur relative entre les différentes méthodes de calcul est tracée. La Figure 1-13 présente l'erreur relative entre le calcul μPEEC et le calcul analytique :

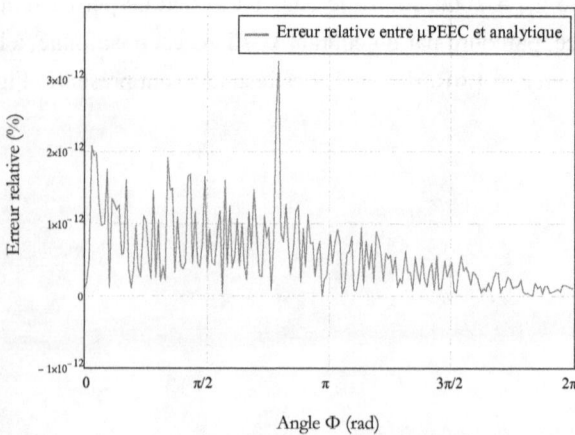

Figure 1-13 : Erreur relative entre les densités de courant calculées par les méthodes μPEEC et analytique

30

Nous constatons que l'erreur relative est très faible (l'ordre de grandeur 10^{-12} %), ce qui permet de valider la méthode µPEEC dans cet exemple de calcul.

Pour l'exemple traité, la validation de la méthode µPEEC par le calcul analytique est irréfutable cependant dans de nombreux cas pratiques, le résultat analytique est indisponible parce que trop compliqué à établir. Dans ces cas, la validation ne peut être apportée que par une méthode numérique bien maîtrisée comme celle des éléments finis via l'utilisation du logiciel FLUX2D. Le résultat obtenu par FLUX2D sera alors considéré comme une référence. La Figure 1-14 présente la comparaison des résultats obtenus par la méthode µPEEC avec ceux déduits de FLUX2D.

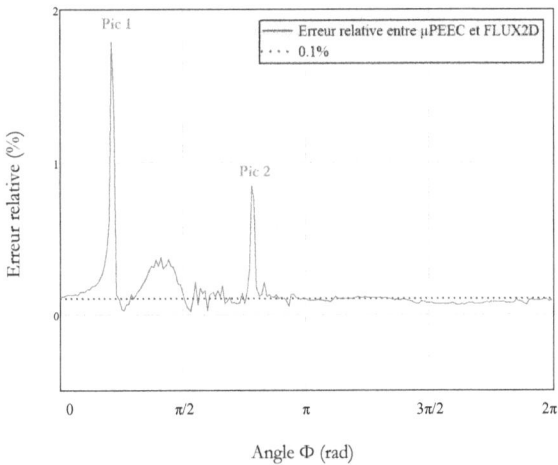

Figure 1-14 : Erreur relative entre les densités de courant calculées par les méthodes µPEEC et des éléments finis (FLUX2D)

La Figure 1-14 montre une erreur relative d'environ 0.1% sur la majeure partie du tracé ainsi que deux pics (1 et 2), Ces deux pics ne sont pas inquiétants. En effet, ils correspondent à deux points (points 1 et 2 sur la Figure 1-12) pour lesquels la densité de courant passe par zéro, entraînant une erreur relative élevée.

Malgré tout, l'écart est ici plus fort que celui noté lors de la comparaison entre µPEEC et le calcul analytique. Ceci peut s'expliquer car

31

FLUX2D utilise une méthode de résolution par éléments finis pour calculer son résultat. La précision du résultat dépend donc de la discrétisation : plus elle est fine, plus le résultat est précis. Il en est de même pour la méthode µPEEC. Toutefois, un écart relatif de 0.1% est largement acceptable pour les applications pratiques. En outre, il peut être considéré comme un excellent résultat car la discrétisation adoptée est faible : seulement 200 éléments de dans le modèle µPEEC, tandis que FLUX2D n'utilise que 70500 nœuds (FLUX2D maille non seulement le dispositif étudié mais aussi l'air qui l'entoure).

Cette vérification nous permet une fois plus de valider la méthode µPEEC. Pour finir, rappelons que si le calcul du courant de surface est correct, l'ensemble des calculs basés sur celui-ci l'est aussi.

4. CALCUL DE L'ÉNERGIE ET DE L'INDUCTANCE

Une exploitation potentielle de la méthode développée est la détermination de l'énergie et de l'inductance d'un système comprenant des matériaux magnétiques isolants. Dans ce but, nous allons étudier une inductance torique telle que présentée sur la Figure 1-16.

Avant de déterminer les expressions analytiques de l'énergie et de l'inductance pour ce cas simple, nous pouvons constater que le champ est invariant lors d'une translation parallèle à l'axe Oz et que le potentiel vecteur est dirigé suivant l'axe Oz. Aussi, dans un premier temps, nous allons présenter d'abord le principe du calcul de l'énergie magnétique dans un système invariant par translation.

4.1. Énergie magnétique d'un système invariant par translation

4.1.1. Formule générale

Considérons un système se composant d'un matériau magnétique linéaire. Dans ce cas l'énergie magnétique est donnée par :

$$W_m = \frac{1}{2}\int_V \vec{B}\vec{H}dv \qquad (1\text{-}50)$$

L'intégration dans (1-50) est étendue à tout l'espace occupé par le champ concerné. De ce fait, elle est souvent malcommode à évaluer. Il est cependant possible d'accéder à la valeur de cette énergie en sommant uniquement sur les régions dans lesquelles la densité de courant n'est pas nulle, ce qui est plus facile. Dans ce but, nous exploitons les deux identités suivantes :

$$div(\vec{A} \wedge \vec{H}) = \vec{H} rot(\vec{A}) - \vec{A} rot(\vec{H}) \qquad \textbf{(1-51)}$$

(Courant de déplacement négligé)

$$\int_V div(\vec{P})dv = \int_S \vec{P}\vec{ds} \qquad \textbf{(1-52)}$$

(Théorème d'Ostrogradsky)

Déduisons de (1-51), (1-52), (1-1) et (1-7) que :

$$\int_V div(\vec{A} \wedge \vec{H})dv = \int_S (\vec{A} \wedge \vec{H})\vec{ds} = \int_V \vec{H}\vec{B}dv - \int_V \vec{A}\vec{J}dv \qquad \textbf{(1-53)}$$

D'où :

$$W_m = \frac{1}{2}\int_V \vec{H}\vec{B}dv = \frac{1}{2}\int_V \vec{A}\vec{J}dv + \frac{1}{2}\int_S (\vec{A} \wedge \vec{H})\vec{ds} \qquad \textbf{(1-54)}$$

Ainsi, l'énergie du système se compose de deux termes. En effet, les vitesses de variation de A et de H (quand la surface s'éloigne infiniment) sont telles que l'intégrale de surface tend vers 0 lorsque la surface s'éloigne à l'infini. Cependant, cela n'est pas automatique et il est utile de vérifier cette propriété avant d'exploiter l'égalité des deux autres termes. Par hypothèse, la zone dans laquelle circulent les courants est d'extension limitée (sphère en 3D, cylindre en 2D). A l'extérieur de cette zone, le champ magnétique est la solution de l'équation de Laplace, son comportement à l'infini est donc connu et on peut en déduire à quelles conditions la seconde intégrale de (1-54) est nulle.

4.1.2. Système invariant par translation parallèle à l'axe Oz

Pour un système invariant par translation parallèle à Oz, le potentiel vecteur $\vec{A}$ est dirigé suivant Oz. Evaluons l'intégrale surfacique de (1-54).

Dans cette intégrale, S est la surface qui entoure tous les courants. Puisque ds est normal à la surface du cylindre, seule la composante tangentielle H_Φ a une incidence sur le résultat de l'intégrale.

$$\int_S (\vec{A} \wedge \vec{H}) \vec{ds} = l \int_0^{2\pi} A H_\phi r d\phi \qquad (1\text{-}55)$$

où l est la longueur du cylindre.

Or les solutions de l'équation de Laplace donnent :

$$Aext(r,\phi) = \frac{\mu_0}{2\pi} I \left[-\alpha_0 \ln(r) + \sum_{n=1}^{\infty} \left\{ r^{-n} \left[\alpha_n \cos(n\phi) + \beta_n \sin(n\phi) \right] \right\} \right] \qquad (1\text{-}56)$$

$$Hext(r,\phi)_\phi = \frac{I}{2\pi r} \left[\alpha_0 + \sum_{n=1}^{\infty} \left\{ nr^{-n} \left[\alpha_n \cos(n\varphi) + \beta_n \sin(n\varphi) \right] \right\} \right] \qquad (1\text{-}57)$$

On constate que la plupart des produits que l'on peut former décroissent plus vite, lorsque r tend vers l'infini, que r^{-1} ; leur contribution à l'intégrale de (1-55) est donc nulle. Seuls les premiers termes ne présentent pas cette propriété.

$$AH_\phi = \frac{\mu_0}{2\pi} I[-\alpha_0 \ln(r)] \frac{I}{2\pi r} + ... + ... \qquad (1\text{-}58)$$

Pour ces termes, l'intégrale (1-55) est calculée :

$$l \int_0^{2\pi} \frac{\mu_0}{2\pi} I[-\alpha_0 \ln(r)] \frac{I}{2\pi r} r d\varphi = l \frac{\mu_0}{2\pi} [-\alpha_0 \ln(r)] I^2 \qquad (1\text{-}59)$$

On voit que l'intégrale est égale à 0 si le courant total I circulant dans le cylindre est nul. C'est à dire que tous les courants doivent se refermer à l'intérieur d'un cylindre de rayon fini. Notons que si on applique la relation à un fil isolé, l'énergie trouvée n'a pas de sens. On ne peut pas, en particulier, lui associer une inductance. En revanche, si on ajoute les résultats trouvés de cette manière pour plusieurs fils dont le courant total est nul, la somme trouvée est bien égale à l'énergie du système.

4.2. Exemples de calcul

4.2.1. Exemple d'une ligne bifilaire constituée de fils cylindriques

Le premier exemple de calcul pour illustrer notre approche de calcul de l'énergie, c'est une ligne bifilaire. Nous choisissons cet exemple simple parce que le résultat est connu, en basse fréquence, dans la littérature [LIF-90] et nous permet d'appréhender le calcul de l'énergie pour l'exemple suivant de l'inductance torique.

Considérons une ligne bifilaire composée deux fils cylindriques rectilignes de rayon R_1 et R_2, parcourus par les courants I_{f1} et I_{f2}. La distance entre les centres des deux fils est nommée d (Figure 1-15). Le but est alors de calculer l'énergie du système en basse fréquence.

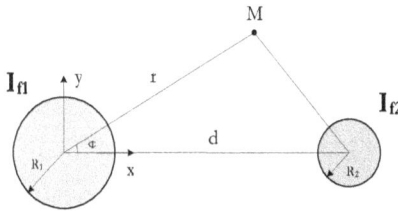

Figure 1-15 : Système d'une linge bifilaire composée deux fils cylindriques rectilignes

En basse fréquence le potentiel créé par un fil cylindrique peut s'écrire :

$$Af1\text{int} = \frac{\mu_0}{4\pi}\left[1-\left(\frac{r}{R_1}\right)^2 + C_1\right]I_{f1} \qquad \text{à l'intérieur du fil} \qquad \textbf{(1-60)}$$

$$Af1ext = \frac{\mu_0}{4\pi}\left[2\left(\frac{R_1}{r}\right)^2 + C_1\right]I_{f1} \qquad \text{à l'extérieur du fil} \qquad \textbf{(1-61)}$$

Quelle que soit la valeur de la constante C_1, ces expressions satisfont, au passage de la surface, les conditions de continuité imposées aux champs. Le potentiel associé à un second fil prend la même forme, l'indice 1 étant remplacé par l'indice 2. Si nous voulons évaluer le potentiel total, il faut exprimer les deux potentiels dans un même repère. Choisissons

35

celui du premier fil. L'égalité dans le triangle formé par les centres des fils et le point M permet alors s'écrire :

$$Af2\text{int} = \frac{\mu_0}{4\pi}\left[\ln\left(\frac{R_2^2}{r^2+d^2-2rd\cos(\phi)}\right)+C_2\right]I_{f2} \qquad (1\text{-}62)$$

$$Af2ext = \frac{\mu_0}{4\pi}\left[\ln\left(\frac{R_2^2}{d^2}\right)-\ln\left(1+\frac{r^2}{d^2}-2\frac{r}{d}\cos(\phi)\right)+C_2\right]I_{f2} \qquad (1\text{-}63)$$

Calculons maintenant l'énergie stockée par le système sur une unité de longueur :

$$W_m = \frac{1}{2}\int_V \vec{A}\vec{J}\,dv = \frac{1}{2}\left[\int_{S_1}\overrightarrow{A_{1T}}\,\overrightarrow{J_{f1}}\,ds + \int_{S_2}\overrightarrow{A_{2T}}\,\overrightarrow{J_{f2}}\,ds\right] \qquad (1\text{-}64)$$

Où :

-   S_1, S_2 sont respectivement les sections des fils 1 et 2.

-   A_{1T}, A_{2T} correspondent successivement à la somme des potentiels vecteurs créés sur la section du fil 1 et 2. Cette somme se compose le potentiel vecteur créé par le fil lui-même et celui extérieur créé par l'autre fil.

-   J_{f1} et J_{f2} sont respectivement les densités de courant des fils 1 et 2.

En basse fréquence, les courants sont uniformément répartis sur la section des fils. Les densités de courant peuvent donc être sorties des intégrales.

$$W_m = \frac{I_{f1}}{2S_1}\int_{S_1} A_{1T}\,ds + \frac{I_{f2}}{2S_2}\int_{S_2} A_{2T}\,ds \qquad (1\text{-}65)$$

Avec : $S_1 = \pi R_1^2$ et $S_2 = \pi R_2^2$

Les quantités en facteur des courants incluent chacune deux termes qui apparaissent comme les moyennes, sur la section du conducteur considéré, du potentiel dû à chacun des fils. Calculons ces deux moyennes sur S_1.

$$\frac{1}{S_1}\int_{S_1} A_{1T}\,ds = \frac{1}{S_1}\int_{S_1}(Af1\text{int}+Af2ext)ds \tag{1-66}$$

$$\frac{1}{S_1}\int_{S_1}Af1\text{int}\,ds = \frac{1}{\pi R_1^2}\int_0^{R_1}\frac{\mu_0}{4\pi}\left[1-\left(\frac{r}{R_1}\right)^2+C_1\right]I_{f1}2\pi r\,dr = \frac{\mu_0}{8\pi}(1+2C_1)I_{f1} \tag{1-67}$$

Pour le second calcul de moyenne :

$$\frac{1}{S_1}\int_{S1}Af2ext\,ds = \frac{1}{\pi R_1^2}\frac{\mu_0}{4\pi}\int_0^{R_1}\int_0^{2\pi}\left[\ln\left(\frac{R_2^2}{d^2}\right)+C_2-\ln\left(1+\frac{r^2}{d^2}-2\frac{r}{d}\cos(\phi)\right)\right]I_{f2}r\,d\phi dr \tag{1-68}$$

Dans le crochet, les deux premières fonctions sont indépendantes de r et de Φ. Leur moyenne est donc très simple à calculer. Le troisième terme, quant à lui, se décompose en série de Fourier, ce qui est très bref en recourant à la fonction génératrice des polynômes de Chebychev. On constate alors que sa moyenne, sur 2π est nulle.

$$-\ln\left(1+\frac{r^2}{d^2}-2\frac{r}{d}\cos(\phi)\right) = 2\sum_{n=1}^{\infty}\left[\cos(n\phi)\frac{1}{n}\left(\frac{r}{d}\right)^n\right] \tag{1-69}$$

Finalement :

$$\frac{1}{S_1}\int_{S1}Af2ext\,ds = \frac{\mu_0}{4\pi}\left[2\ln\left(\frac{R_2}{d}\right)+C_2\right]I_{f2} \tag{1-70}$$

En se référant à (1-60), on voit que cette moyenne est égale à la valeur du potentiel émis par le second fil sur l'axe du premier fil. Nous pouvons maintenant évaluer le premier terme de (1-65) et le second s'en déduit par un changement d'indices :

$$W_m = \frac{I_{f1}}{2}\left\{\frac{\mu_0}{8\pi}(1+2C_1)I_{f1}+\frac{\mu_0}{4\pi}\left[2\ln\left(\frac{R_2}{d}\right)+C_2\right]I_{f2}\right\}+$$
$$\frac{I_{f2}}{2}\left\{\frac{\mu_0}{8\pi}(1+2C_2)I_{f2}+\frac{\mu_0}{4\pi}\left[2\ln\left(\frac{R_1}{d}\right)+C_1\right]I_{f1}\right\} \tag{1-71}$$

Cette énergie par une unité de longueur se développe alors sous la

37

forme :

$$W_m = \frac{1}{2}\frac{\mu_0}{8\pi}\left[I_{f1}^2 + I_{f2}^2 - 4\ln\left(\frac{d^2}{R_1 R_2}\right)I_{f1}I_{f2}\right] + \frac{1}{2}\frac{\mu_0}{4\pi}\left(C_1 I_{f1} + C_2 I_{f2}\right)\left(I_{f1} + I_{f2}\right) \quad \text{(1-72)}$$

Ainsi, si la somme des deux courants est nulle, non seulement l'évaluation de l'énergie par intégration de AJ est valide mais l'énergie ainsi trouvée est indépendante des indéterminations de potentiel. Nous pouvons donc en déduire l'énergie d'une ligne bifilaire pour une unité de longueur en posant $I = I_{f1} = -I_{f2}$:

$$W_m = \frac{\mu_0}{8\pi}\left[1 + 2\ln\left(\frac{d^2}{R_1 R_2}\right)\right]I^2 \quad \text{(1-73)}$$

4.2.2. Exemple d'une inductance torique

Pour appliquer l'approche du calcul de l'énergie aux systèmes incluant un matériau magnétique, étudions le système composé d'un tore magnétique parfait (sans pertes) de perméabilité μ_r, plus deux fils conducteurs rectilignes, parcourus par un même courant mais en sens opposés ($I_{f1}=-I_{f2}=I$) comme présenté la Figure 1-16.

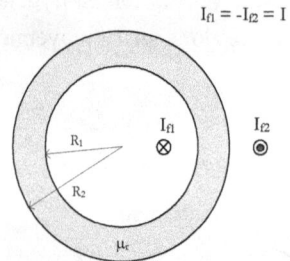

Figure 1-16 : Inductance constituée d'un tore magnétique et de deux fils cylindriques

Le courant total dans notre système est nul, ce qui nous permet d'appliquer l'approche présentée en §4.1 pour calculer l'énergie de ce système.

a) Formulation μPEEC

Nous appliquons une même démarche de calcul que dans l'exemple 4.2.1. L'énergie stockée par le système sur une unité de longueur est donnée par l'expression (1-65). Dans ce cas, chaque potentiel vecteur A_{1T} et A_{2T}, est la somme de trois contributions : la première créée par le courant qui circule dans le conducteur considéré, la deuxième due à l'autre conducteur, et la troisième due au noyau magnétique. Considérons le premier terme de (1-65) ce qui est nommé W_{m1} :

$$W_{m1} = \frac{I_{f1}}{2S_1} \int_{S_1} (A_{p1} + A_{i2} + A_{noy1}) ds \qquad (1\text{-}74)$$

Où :

- Le premier terme $\frac{I_{f1}}{2S_1} \int_{S_1} A_{p1} ds$ correspond à l'énergie propre W_{p1} du fil 1.

- Le deuxième terme $\frac{I_{f1}}{2S_1} \int_{S_1} A_{i2} ds$ correspond à l'énergie d'interaction avec le second fil W_{i2}. Notons que ce terme ne dépende pas de la présence du noyau magnétique.

- Le troisième terme $\frac{I_{f1}}{2S_1} \int_{S_1} A_{noy1} ds$ correspond à l'énergie d'interaction avec le noyau magnétique décrit par des courants en surface W_{noy1}.

L'énergie totale stockée par le système s'obtient en ajoutant les expressions analogues pour le fil 2.

$$W_m = W_{m1} + W_{m2} = (A_{p1} + A_{i2} + A_{noy1}) + (A_{p2} + A_{i1} + A_{noy2}) \qquad (1\text{-}75)$$

La somme des énergies propres et d'interaction entre des fils correspond à l'énergie stockée par la même ligne bifilaire formée des conducteurs 1 et 2, en l'absence de matériau magnétique. Elle est calculée selon (1-73).

Pour calcule les deux autres termes W_{noy1} et W_{noy2}, nous allons justifier un problème complémentaire que la moyenne du potentiel extérieur, sur toute la surface d'un conducteur, est égale à la valeur qu'il prend au centre du conducteur.

En effet, dans un système invariant par translation quelconque parallèle à Oz, le potentiel vecteur est parallèle à Oz et ne dépend pas de cette coordonnée. Cette composante est solution de l'équation de Laplace. Si, en outre, les sources de champ sont extérieures à un cylindre d'axe Oz et de rayon R, le potentiel est fini en $r = 0$. Dans ce cas, l'expression générale du potentiel est :

$$Aext(r,\phi) = \sum_{-\infty}^{\infty} c_n r^{|n|} e^{jn\phi} \tag{1-76}$$

On remarque que la valeur de ce potentiel en $r = 0$ est égale à c_0. D'autre part, la moyenne du potentiel sur la section du cylindre de rayon R s'évalue simplement :

$$MoyA = \frac{1}{\pi R^2} \int_0^R \int_0^{2\pi} \sum_{n=-\infty}^{\infty} c_n \, r^{|n|} \, e^{jn\varphi} r \, d\varphi \, dr = \frac{1}{\pi R^2} \sum_{n=-\infty}^{\infty} \int_0^R c_n \, r^{|n|} \left(\int_0^{2\pi} e^{jn\varphi} d\varphi \right) r \, dr$$

$$MoyA = \frac{1}{\pi R^2} \int_0^R \int_0^{2\pi} \left[\sum_{-\infty}^{\infty} c_n r^{|n|} e^{jn\phi} r d\phi dr \right] = \frac{1}{\pi R^2} \sum_{-\infty}^{\infty} \left\{ \int_0^R \left[c_n r^{|n|} \left(\int_0^{2\pi} e^{jn\phi} d\phi \right) \right] r dr \right\} \tag{1-77}$$

L'intégrale sur Φ est nulle sauf pour $n = 0$. Il ne reste donc, dans la somme que le terme d'indice 0. Soit :

$$MoyA = \frac{1}{\pi R^2} \int_0^R c_0 \, 2\pi \, r \, dr = \frac{1}{\pi R^2} c_0 \, 2\pi \frac{1}{2} R^2 = c_0 \tag{1-78}$$

Ainsi, quel que soit le champ venant de l'extérieur, la moyenne du potentiel sur la section du cylindre est égale à sa valeur au centre.

Alors, chacun des deux autres termes s'obtient de la façon suivante. Le terme associé au fil 1 est le produit de I_{f1} par le potentiel créé, sur l'axe du conducteur 1, par les courants de surface exclusivement :

$$W_{noy1} = \frac{1}{2} I_{f1} A_K (x_{f1}, y_{f1}) \tag{1-79}$$

Dans laquelle :

  - (x_{f1}, y_{f1}) sont les coordonnées cartésiennes du centre du conducteur 1.

  - A_K est le potentiel créé par les courants de surface.

Pour le second terme, l'indice 1 est remplacé par l'indice 2.

b) Formulation analytique

La solution complète du problème est présentée dans l'annexe 2, ici nous donnons simplement quelques résultats significatifs. Le système étudié dans l'annexe 2 est plus général que celui présenté sur la Figure 1-16. Pour l'exemple de l'inductance, les deux fils sources sont placés symétriquement par rapport au tore en (r_{f1}, ϕ_{f1}) et (r_{f2}, ϕ_{f2}) où : $\phi_{f1} = \phi_{f2} = \phi_f$ et $r_{f2} = R_1 + R_2 - r_{f1}$ avec R_1 et R_2 sont les rayons intérieur et extérieur du tore. Ils sont parcourus par deux courants opposés $I_{f1} = -I_{f2} = I$ Figure 1-17.

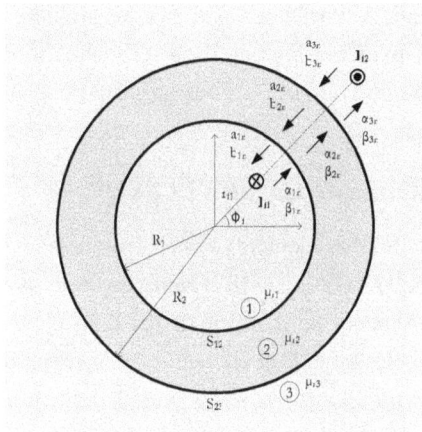

Figure 1-17 : Géométrie pour le calcul analytique composée d'un tore et de deux fils cylindriques

Le fait de distinguer la perméabilité des trois régions respectivement par μ_{r1}, μ_{r2} et μ_{r3} permet de se placer dans un cas général. Une fois que nous avons la solution complète pour ce cas d'étude, il est alors très facile de vérifier d'autres cas plus simples déduits de ce cas général en modifiant la valeur des perméabilités ou des courants. Par exemple, en donnant $\mu_{r1} = \mu_{r2} = 2000$, $\mu_{r3} = 1$; $I_{f1} = 0$, $I_{f2} = 1A$ nous revenons au cas d'un cylindre plein magnétique plus un fil conducteur que nous avons étudié dans §3.1. L'autre cas intéressant, est celui d'une cavité d'air dans le matériau magnétique obtenu en donnant $\mu_{r1}=\mu_{r2}=1$; $\mu_{r3}=2000$. C'est pourquoi, l'étude du cas général est très intéressante et détaillée en annexe 2.

Pour résoudre ce problème, dans la région 1 et 3 le potentiel vecteur est la solution de l'équation Poisson, sa solution est la somme de la solution générale de l'équation de Laplace et une solution particulière associée à un courant filiforme. Dans la région 2, une couronne cylindrique, non parcourue par des courants, le potentiel est la solution de l'équation de Laplace et il combine les deux types de solutions de l'équation de Laplace (l'une croît en r et l'autre décroît en r). Les équations de Laplace et de Poisson 2D sont résolues et ses solutions, associées aux 4 conditions de continuité sur les deux surfaces séparant les trois milieux, permettent de déduire les potentiels vecteurs dans chaque milieu. L'application de l'expression (1-64) pour les régions dans lesquelles la densité de courant n'est pas nulle (régions 1 et 3) nous permet de calculer l'énergie du système.

c) Simulation numérique sous FLUX2D

Une simulation par éléments finis a également été effectuée à l'aide du logiciel FLUX2D (Figure 1-18). Nous appliquons une discrétisation régulière de 100 éléments sur le cercle de rayon R_2 et de 70 éléments sur le cercle de rayon R_1 (la taille d'un élément est d'environ 0.6 mm). Le rayon du fil fin est de 0.1 mm. Le rayon intérieur de la boite infinie est égal à trois fois le rayon R_1 du cercle intérieur. Dans cette simulation, FLUX2D a utilisé 16922 mailles et le temps de calcul est d'environ 10s.

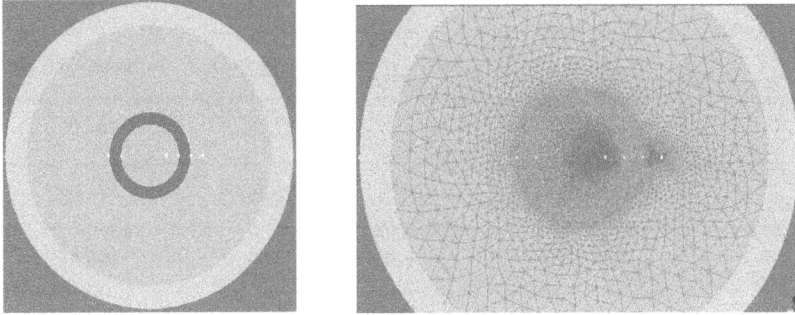

Modélisation du système : En blanc les deux fils alimentés, en rouge le tore magnétique de perméabilité relative µ$_r$, en turquoise l'air, en jaune la boite infinie.

Figure 1-18 : Vue de la géométrie (à gauche) et de l'ensemble du maillage (à droite)

4.2.3. Résultats et validation

Nous allons valider ce résultat en utilisant les conditions suivantes :

- Un tore en matériau magnétique linéaire de perméabilité **µ$_r$ = 2000**.

- Le rayon intérieur du tore **R$_1$ = 0.7 cm**

- Le rayon extérieur du tore **R$_2$ = 1 cm**

- Un courant de 1A circule dans deux fils conducteurs **I = 1 A**

L'énergie du système est calculée étape par étape comme dans la démonstration du §4.2.2. a. Enfin lorsque l'on connaît l'énergie stockée dans le système W_m, l'inductance peut alors en être déduite très simplement :

$$L = \frac{2W_m}{I^2} \tag{1-80}$$

Le Tableau 1-1 montre l'énergie et l'inductance du système calculées par la méthode µPEEC et compare ces résultats à ceux obtenus par la simulation FLUX2D et le calcul analytique.

Tableau 1-1 : Énergie et inductance pour 1 m, calculées par les trois méthodes

	Energie (µJ)	Inductance (µH)
µPEEC	72.45	144.90
Analytique	72.49	144.99
FLUX2D	72.43	144.87
Écart relatif entre µPEEC et Analytique	0.06%	
Écart relatif entre FLUX2D et Analytique	0.09%	

On voit que les trois méthodes de calcul donnent des résultats très proches. Les écarts relatifs sont très faibles (< 0.1%). On peut donc considérer que la méthode µPEEC est un moyen précis d'accéder à l'énergie et à l'inductance d'un système.

5.   AUTRES GÉOMÉTRIES TESTÉES

Les exemples de calcul présentés dans §3.2 et §4.2.2. valident le principe de calcul de courant superficiel pour les géométries cylindriques. Ces cas admettent des solutions analytiques exactes qui coïncident rigoureusement avec nos résultats. Afin de se rapprocher progressivement de la forme d'un transformateur, plusieurs étapes successives restent à franchir comme présentée sur la Figure 1-19.

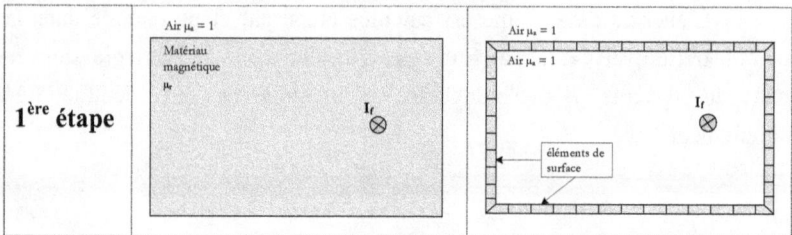

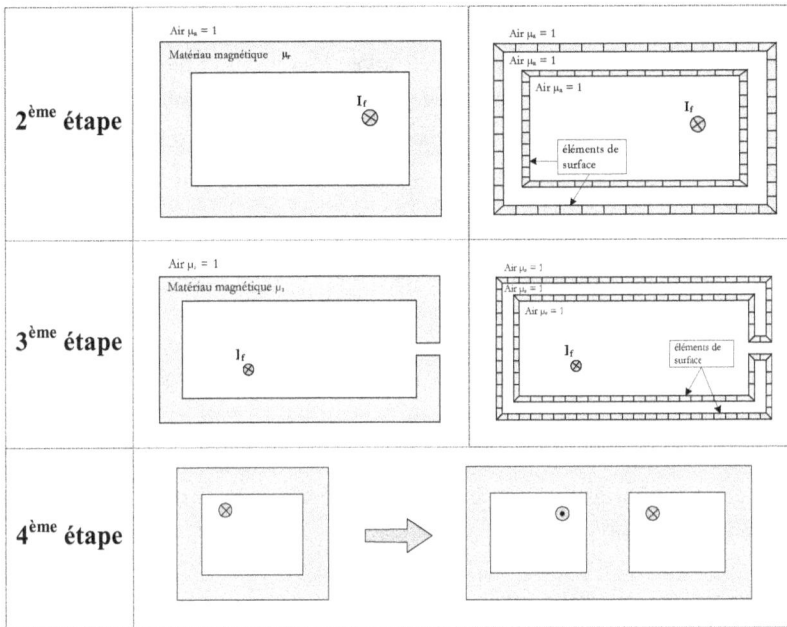

Figure 1-19 : Approche progressive de la forme d'un transformateur : système réel (à gauche) et système équivalent (à droite)

En premier, le fil sera parallèle à un barreau de ferrite rectangulaire. Ce dispositif est très proche du cylindre magnétique que nous venons d'étudier, la différence venant de la forme rectangulaire et de l'expression du champ tangentiel. Lorsque la première étude sera validée, on pourra aborder celle d'un barreau de ferrite avec un trou à l'intérieur. Cette deuxième étape permettra, avec des densités de courant sur les deux surfaces du matériau magnétique, de se rapprocher de la géométrie d'une fenêtre de transformateur. On passera ensuite au cas d'un barreau creux avec un entrefer, un cas qui nous intéresse beaucoup. Enfin, grâce à la symétrie du circuit magnétique du transformateur, on déduira les résultats pour une géométrie complète de transformateur en associant deux fenêtres symétriques avec des courants de sens opposés.

Nous donnons ici quelques résultats significatifs des trois premières étapes. Le circuit complet du transformateur sera traité précisément dans le chapitre 2.

> **_Remarque_** : *Remarquons que, dans les calculs μPEEC suivants nous concentrons toujours le courant superficiel d'un élément à son milieu, donc le courant est égal au produit de la densité de courant au milieu de l'élément par sa largeur. Et nous avons choisi une faible valeur de perméabilité $\mu_r = 10$ pour que les lignes de champs soient visibles dans le domaine d'étude.*

5.1. Barreau plein magnétique

Considérons d'abord un barreau plein en ferrite de dimension **8x4 cm**, de perméabilité $\mu_r = 10$. Comme la montre la Figure 1-20, sa section est dans le plan Oxy. Nous cherchons le champ créé dans ce système par un fil fin parcouru par un courant $I_f = 1$ **A**. Le fil est positionné soit à l'extérieur du barreau en $x_f = 4$ **cm**, $y_f = 3$ **cm** soit à l'intérieur du barreau $x_f = 6$ **cm**, $y_f = 1$ **cm**.

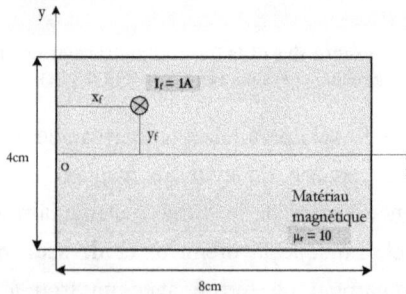

Figure 1-20 : Barreau plein magnétique

Nous présentons quelques résultats significatifs obtenus à l'aide du calcul μPEEC. Le premier résultat : les équipotentiels sont représentés sur la Figure 1-21.

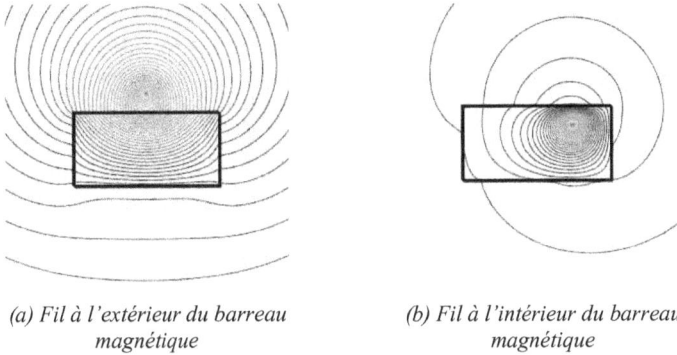

(a) Fil à l'extérieur du barreau magnétique

(b) Fil à l'intérieur du barreau magnétique

Figure 1-21 : Equipotentielles déduites de μPEEC pour un barreau plein magnétique

La figure à gauche correspond au cas où le fil est à l'extérieur du barreau, et celle à droite pour le fil à l'intérieur. Toutes les deux présentent les allures crédibles : les lignes équipotentielles sont, comme il se doit, bien canalisées dans le matériau magnétique.

Le deuxième résultat que nous voulons montrer, est la somme des courants superficiels. Nous avons justifié que cette somme est égale à $-(\mu_r-1).I_f$ quand le fil se situe à l'intérieur d'un matériau magnétique de perméabilité μ_r et elle est égale à zéro quand le fil est à l'extérieur [Annexe 3]. Le Tableau 1-2 nous donne le courant superficiel total déduit de μPEEC pour les deux positions du fil.

Tableau 1-2 : Courant superficiel total calculé par μPEEC en comparant à la valeur théorique pour un barreau plein magnétique de perméabilité $\mu_r = 10$ et $I_f = 1$ A

Position du fil	Courant superficiel total calculé par μPEEC	Valeur théorique
Fil à l'intérieur du matériau magnétique	-9.001 A	$-(\mu_r-1).I = -9$ A
Fil à l'extérieur du matériau magnétique	-1.3×10^{-4} A	0

Remarquons qu'ici, nous n'avons utilisé que 300 éléments de discrétisations (la taille d'un élément est de 0.8mm). La précision obtenue est alors tout à fait correct (écart relatif d'environ 0.01%). Ce qui nous donne confiance dans notre méthode μPEEC pour ce cas d'étude !

5.2. Barreau creux magnétique

Nous supposons maintenant que, dans le barreau précédent, un trou rectangulaire a été percé en laissant une épaisseur **e = 1 cm** sur toute la périphérie du barreau (Figure 1-22). Nous cherchons le champ créé dans ce système par un fil fin localisé en (x_f, y_f), parcouru par un courant $I_f = 1$ **A**.

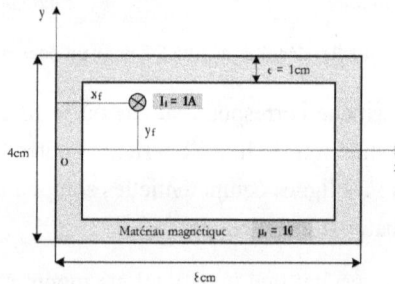

Figure 1-22 : Barreau creux magnétique

Les équipotentiels sont représentés sur la Figure 1-23. La figure à gauche correspond au cas du fil à l'extérieur du matériau magnétique, et celle à droite pour le fil à l'intérieur. Toutes les deux présentent les allures crédibles, les lignes équipotentielles sont bien canalisées dans le matériau magnétique.

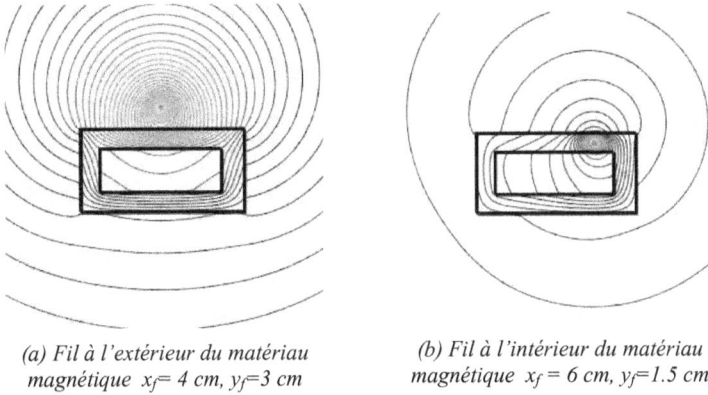

(a) Fil à l'extérieur du matériau   (b) Fil à l'intérieur du matériau
magnétique x_f= 4 cm, y_f=3 cm   magnétique x_f = 6 cm, y_f=1.5 cm

Figure 1-23 : Equipotentielles déduites de µPEEC pour un barreau creux magnétique

Le courant superficiel total est donné dans le Tableau 1-3. Ici, nous avons utilisé 500 éléments de discrétisations (la taille d'un élément est de 0.8mm), le nombre des éléments est augmenté parce que nous avons en plus des surfaces intérieures du circuit. La précision obtenue est encore bonne (écart relatif d'environ 0.06%).

Tableau 1-3 : Courant superficiel total calculé par µPEEC en comparant à la valeur théorique pour un barreau creux magnétique de perméabilité μ_r = 10 et I_f = 1 A

Position du fil	Courant superficiel total calculé par µPEEC	Valeur théorique
Fil à l'intérieur du matériau magnétique	-9.006 A	$-(\mu_r-1).I$ = -9 A
Fil à l'extérieur du matériau magnétique	-1.36x10⁻³ A	0

5.3.   Barreau creux magnétique avec un entrefer

Nous ajoutons maintenant, dans le barreau creux précédent, un entrefer de **4mm**, symétrique par rapport au plan *Oxz* (Figure 1-22).

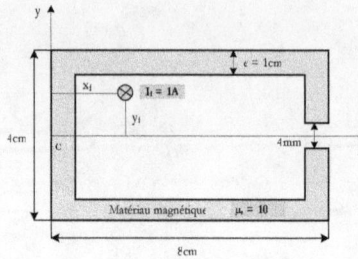

Figure 1-24 : Barreau creux magnétique avec un entrefer ; Oxz est un plan de symétrie

Les équipotentiels sont représentés sur la Figure 1-25. La figure à gauche correspond au cas dont le fil est à l'extérieur du matériau magnétique, celle à droite pour le fil à l'intérieur. Nous constatons que le circuit magnétique attire les lignes de champ. De plus, au niveau de l'entrefer, les lignes s'écartent vers les deux côtés de l'entrefer. C'est le phénomène bien connu du gonflement des lignes de champ.

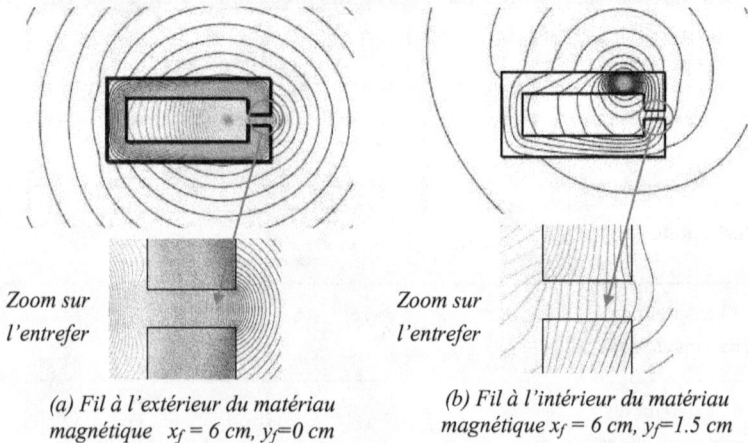

Zoom sur l'entrefer

(a) Fil à l'extérieur du matériau magnétique $x_f = 6$ cm, $y_f = 0$ cm

Zoom sur l'entrefer

(b) Fil à l'intérieur du matériau magnétique $x_f = 6$ cm, $y_f = 1.5$ cm

Figure 1-25 : Equipotentielles déduites de μPEEC pour un circuit magnétique avec un entrefer

Le courant superficiel total est donné dans le Tableau 1-3. Ici, nous avons utilisé 1000 éléments de discrétisation (la taille d'un élément est de 0.4 mm), le nombre des éléments est augmenté parce que notre système devient plus compliqué en ajoutant un entrefer. La précision obtenue est bonne (écart relatif d'environ 0.03%).

Tableau 1-4 : Courant superficiel total calculé par μPEEC en comparant à la valeur théorique pour un circuit magnétique avec un entrefer : μ_r = 10, I_f = 1 A

Position du fil	Courant superficiel total calculé par μPEEC	Valeur théorique
Fil à l'intérieur du matériau magnétique	-9.003 A	$-(\mu_r-1).I$ = -9 A
Fil à l'extérieur du matériau magnétique	-6×10^{-3} A	0

6. CONCLUSIONS ET PERSPECTIVES

Dans ce chapitre nous avons présenté la méthode μPEEC. C'est une extension, exploitable en présence de matériaux magnétiques lhi, de la méthode PEEC déjà largement utilisée. Nous l'avons appliquée pour calculer le champ de systèmes 2D simples n'incluant que des matériaux magnétiques isolants. Outre les champs, elle permet de déterminer l'énergie et l'inductance d'un tel système. Cette méthode semble prometteuse et les validations analytiques et numériques ont montré une bonne cohérence de cette méthode avec les approches considérées comme des références.

On retiendra que la technique proposée ici se permet de prendre en compte que des matériaux au comportement linéaire. Prendre en compte des phénomènes de saturation nécessiterait une reprise complète de la base théorique. C'est pourquoi nous pensons que, pour le moment, ce type de problème doit être abordé avec des méthodes plus longuement éprouvées telles que les éléments finis. Cependant, il faut remarquer également que, lors de la conception d'un dispositif, on cherche, la plupart du temps, à garder son fonctionnement dans la zone linéaire.

Enfin, il faut reconnaître que, pour le moment, même si quelques essais ont été menés sur des dispositifs ressemblant à des circuits magnétiques en E, seule la modélisation de dispositifs cylindriques a été étudiée en détail. Le passage à des géométries rectangulaire voire à des modèles 3D doit être envisagé pour traiter les transformateurs.

Chapitre 2

Analyse des problèmes dus aux réflexions multiples du champ dans les coins de fenêtres

1. INTRODUCTION

Au cours du chapitre 1, nous avons jeté les bases de la méthode de calcul µPEEC qui vise, pour l'essentiel, à connaître l'induction dans une fenêtre de transformateur. Dans quelques cas géométriquement simples, nous avons vérifié que les valeurs calculées par cette méthode étaient conformes aux prévisions du calcul analytique aussi bien qu'à celles d'une simulation par éléments finis.

Nous nous proposons maintenant de traiter un problème plus proche de ceux posés par les composants magnétiques de l'électronique de puissance. Même avec cette géométrie simplifiée, le dispositif est encore trop complexe pour qu'une résolution analytique soit envisageable. La validation des résultats sera donc menée en prenant ceux d'une simulation par éléments finis comme référence.

2. INDUCTANCE CONSTRUITE SUR UN CIRCUIT E

2.1. Description du circuit étudié

La Figure 2-1 montre la demi-section d'un demi-circuit magnétique en E sur lequel nous envisageons de construire une inductance. On le voit, ce circuit très simple est suffisamment proche de celui d'un composant réel pour constituer un bon test de notre méthode de calcul. Pour le moment, le retour du courant est disposé symétriquement à l'aller. Rappelons que notre objectif est de connaître l'induction à l'intérieur de la fenêtre et de calculer l'inductance spécifique (*Al*) du circuit. Étant donné que nous adoptons une description 2D du dispositif, cette dernière grandeur sera évaluée pour une unité de longueur dans la direction *Oz*.

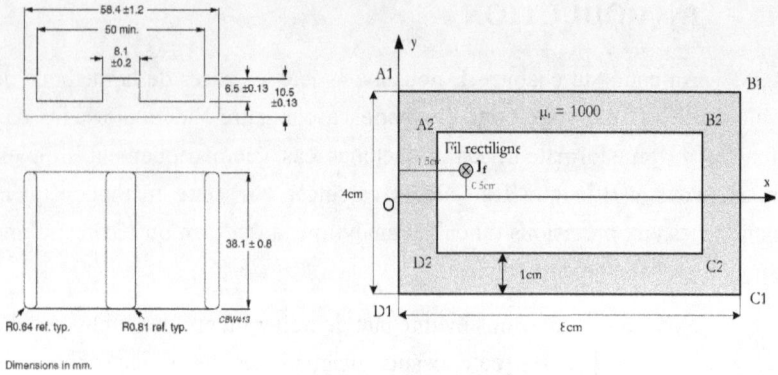

Figure 2-1 : Noyau commercial et demi-section du circuit magnétique étudié ;
yOz est un plan de symétrie

La section du système étudié (Figure 2-1) est symétrique par rapport au côté gauche (*yOz*) de la figure et le fil de retour du courant est placé symétriquement par rapport au même plan. Le circuit magnétique, de perméabilité relative égale à **1000**, fait **1 cm** d'épaisseur et la fenêtre de bobinage mesure **6 cm** dans la direction de *Ox* et **2 cm** dans celle de *Oy*. Le fil aller est placé à **0.5 cm** au dessus du plan de symétrie horizontal ($y = 0$) et à **1.5 cm** à droite du plan de symétrie vertical ($x = 0$), parcouru par un courant de **1 A**.

2.2. Premier résultat positif

Les équipotentielles issues de la méthode µPEEC (Figure 2-2) présentent une allure crédible. Les lignes de flux sont, comme il se doit avec une forte perméabilité, bien canalisées par le circuit dont, par ailleurs, la symétrie se reflète bien sur le résultat.

Figure 2-2 : Equipotentielles déduites de µPEEC

2.3. Constat d'échec

Nous allons maintenant comparer les inductions obtenues à l'aide de µPEEC à celles trouvées par FLUX2D. Plus précisément, nous comparons les deux composantes de l'induction mesurables sur le chemin de test défini par la Figure 2-3.

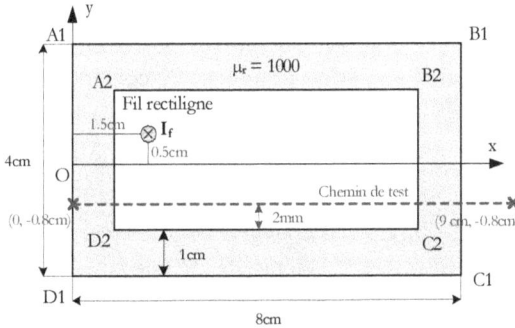

Figure 2-3 : Chemin de test pour l'étude de l'induction

La Figure 2-4 montre qu'ici, quelque chose ne va pas : l'induction calculée par notre méthode est sous-évaluée : ses deux composantes sont trop petites dans un rapport 2.68 quasiment constant quel que soit le point d'observation ! Cette constance explique pourquoi l'allure des équipotentielles était crédible. Dans ces conditions, il est inutile de tester la valeur de *Al*.

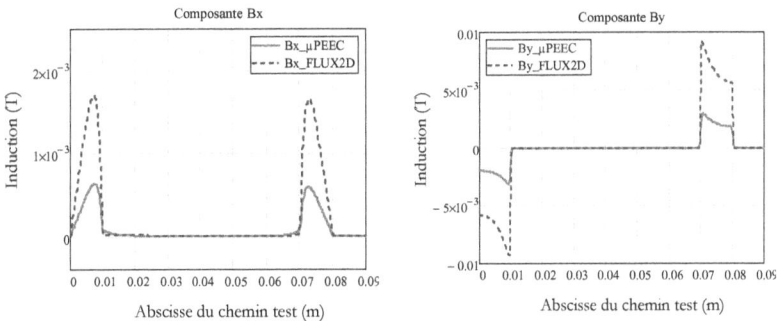

Figure 2-4 : Comparaison des inductions normales et tangentielles pour µ$_r$ = 1000

2.4.   Recherche de la cause de l'erreur

Après avoir longuement cherché en vain une erreur de programmation, nous avons entrepris une étude systématique pour trouver l'origine de cet écart. Puisque, dans notre approche, l'induction se déduit de la densité de courant, s'intéresser à cette densité semblait pertinent.

La densité de courant superficielle déduite de μPEEC présente, comme il se doit, une symétrie impaire par rapport au plan x = 0. La Figure 2-5 montre sa variation sur la fenêtre droite. Le courant sur la face externe (*K_ext*) est tracé en suivant le parcours A1-B1-C1-D1 (Figure 2-3), le segment D1-A1, confondu avec le plan de symétrie impaire et de toute façon situé dans le matériau magnétique, est dépourvu de courant. Pour le courant interne (*K_int*), le parcours suivi est A2-B2-C2-D2-A2. Au cours de la simulation μPEEC, les **720 éléments** ont une largeur de **1 mm**.

Sur le tracé, les densités calculées sont maintenues constantes sur la largeur d'un élément (les paliers sont visibles). L'abscisse est la distance parcourue sur le contour. FLUX2D ne donne pas directement le courant superficiel. En revanche, il donne l'induction tangentielle des deux cotés de la surface. Ces deux grandeurs étant identiques dans le dispositif équivalent μPEEC, le saut d'excitation s'en déduit directement et la densité du courant superficiel suit.

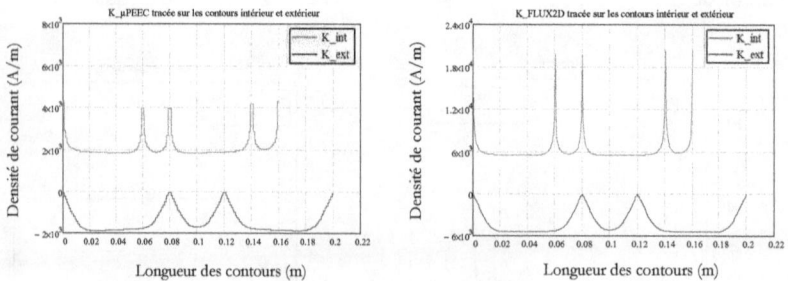

Figure 2-5 : Comparaison des courants superficiels pour μ_r = 1000

La similitude des courbes est frappante mais on remarque immédiatement que les valeurs issues de μPEEC sont environ trois fois trop petites ! En accord avec ce constat, le courant total circulant sur le bord intérieur de la fenêtre droite est, selon µPEEC, égal à 336 A alors qu'il devrait être égal à $(\mu_r - 1)I$ soit 999 A. Ce déficit global est dans un rapport proche de celui constaté pour les inductions. L'erreur observée sur l'induction est donc déjà présente dans *K*. Nous n'avons pourtant rien changé à sa méthode de calcul qui semblait validée à l'issue du premier chapitre.

2.5. Sensibilité à la perméabilité

A la réflexion, lors de nos premières études (qui donnaient des résultats corrects), nous nous sommes limités, sauf pour le tore, à des perméabilités relatives faibles (souvent 10) de façon à avoir des équipotentiels visibles dans les deux matériaux. Afin de savoir si la valeur de la perméabilité a un impact sur la précision du résultat, nous reprenons la simulation précédente en donnant à la perméabilité la valeur $\mu_r = 10$. Tous les autres paramètres, y compris ceux de la discrétisation, sont conservés.

Nous constatons cette fois (Figure 2-6) que l'accord avec FLUX2D est très bon. Précisons que le courant total sur la surface intérieure de la fenêtre droite est égal à 8.85 A alors qu'il devrait être de 9 A. Ce n'est pas parfait mais on peut espérer qu'en affinant la discrétisation, ici modeste (720 éléments pour tout le circuit), la précision serait très bonne. Ce résultat explique que, malgré les nombreux exemples traités jusqu'ici, notre attention n'ait pas été alertée.

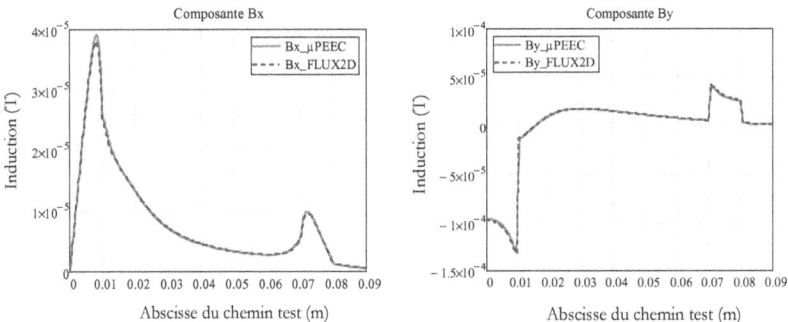

Figure 2-6 : Comparaison des inductions normales et tangentielles pour $\mu_r = 10$

Pour savoir comment cette erreur évolue avec la perméabilité, nous avons repris la simulation avec une perméabilité relative μ_r = 100. Cette fois le courant total sur la surface de la fenêtre est 16 % trop petit (82.8 A au lieu de 99 A) et, comme pour les deux autres essais, les courbes montrant K et B ont une allure correcte mais les valeurs sont trop faibles.

Conclusion : *Ainsi, nous observons qu'il y a une imprécision dans l'évaluation des valeurs de la matrice V et que l'erreur introduite augmente progressivement avec la perméabilité.*

2.6. Sensibilité à la discrétisation

Nous avons également étudié la sensibilité de l'erreur à la discrétisation. Afin d'obtenir un résultat bien visible, nous avons mené ces essais avec une perméabilité relative égale à 1000. Sans surprise, plus la discrétisation est fine, plus le résultat de μPEEC se rapproche de celui de FLUX2D (Figure 2-7). Cependant l'évolution observée donne à penser que, pour ramener l'écart à une valeur correcte, il faudrait une discrétisation extrêmement fine qui ôterait tout intérêt à notre méthode.

La Figure 2-7 montre aussi que le calcul du champ, mené en concentrant le courant au milieu de chaque élément de discrétisation, n'est pas adéquat. En effet, au voisinage de chaque milieu d'élément, l'induction tend vers l'infini alors que pour une densité superficielle finie, elle resterait finie. Ceci explique pourquoi, le long du chemin choisi, une bosse apparaît sur Bx à chaque fois que l'on passe devant le milieu d'un élément (15 le long du trajet test lorsqu'il y en a 180 au total). En outre, si au moment où il franchit une surface séparant deux matériaux magnétiques différents, le chemin de test est très proche du milieu d'un élément, l'induction peut prendre, au passage, une valeur illimitée. Le tracé de By (Figure 2-7) met cela en évidence. Ce type d'erreur serait sensible même si la densité de courant trouvée lors de la première étape du calcul était juste.

60

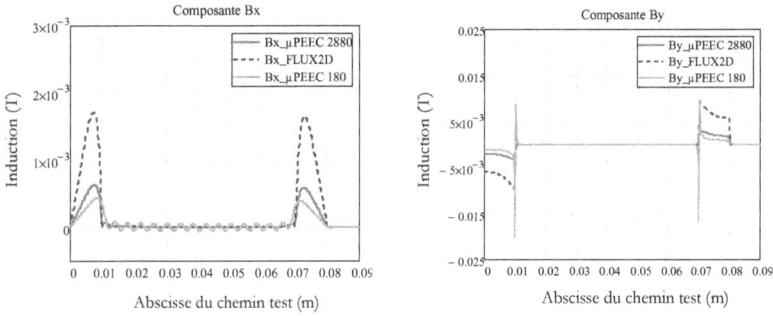

Figure 2-7 : Comparaison des inductions normales et tangentielles pour 180 et 2880 éléments ; μ_r = 1000

__Conclusion__ : Retenons que le potentiel et l'induction devront être calculés conformément à la théorie, c'est-à-dire, en supposant que le courant est réparti continûment sur la largeur d'un élément.

2.7. Amplification des coins

La densité de courant calculée par FLUX2D montre des singularités dans tous les coins intérieurs du circuit. C'est dans ces coins que l'erreur relative sur la densité est la plus grande et elle l'est d'autant plus que la perméabilité est forte. Nous avons déjà remarqué que concentrer le courant au milieu des éléments n'était pas judicieux pour calculer le champ. Or, à bien y regarder, c'est précisément ce que nous faisons quand nous calculons les éléments de la matrice *V*.

Afin d'évaluer l'erreur commise sur les éléments de *V* dans les coins, nous avons tracé la densité de courant calculée par FLUX2D sur une échelle log-log. Nous avons ainsi remarqué que, dans les coins, la densité de courant varie, approximativement, comme $x^{-0.3}$. A priori, cette variation relativement lente ne devrait pas être à l'origine de grosses erreurs. Pour nous en assurer, nous avons comparé deux évaluations du courant d'un élément. La première consiste à multiplier la largeur de l'élément par la densité prise en son milieu (c'est ce que nous faisons dans nos calculs), la seconde est obtenue par intégration de la loi de variation trouvée (en $x^{-0.3}$). Cette seconde valeur est plus grande que la première mais seulement un

61

peu et uniquement dans les coins. Ainsi, lorsque les éléments ont tous la même largeur, si nous les numérotons par n en partant de 0 dans le coin, le quotient R_n de la valeur juste par la valeur approchée vaut :

$$R_n = \frac{1}{0,7}\left[(n+1)^{0,7} - n^{0,7}\right]\left(n+\frac{1}{2}\right)^{0,3} \qquad \text{(2-1)}$$

Tableau 2-1 : Tableau des valeurs du quotient R_n

n	0	1	2	3	4	5	6	7	8	9	10
R_n	1,1604	1,0075	1,0026	1,0013	1,0008	1,0005	1,0004	1,0003	1,0002	1,0002	1,0001

En définitive, cette approximation introduit une erreur inférieure à 1 % sauf pour l'élément le plus près du coin. Dans le coin, ce déficit de courant induit mécaniquement un déficit d'excitation sur l'élément voisin si bien que l'élément de matrice correspondant est trop petit d'environ 16 %. Afin d'évaluer l'impact de cela, nous avons majoré de 16 % les 16 éléments de la matrice V (720 x 720) associés aux 8 angles intérieurs (= 2 fenêtres) sans modifier ses autres éléments. Nous avons été très surpris du résultat : alors que le courant total dans la fenêtre était de 336 A, cette petite modification le fait grimper à 2175 A ! Après un ajustage manuel du pourcentage, nous parvenons même à obtenir la bonne valeur : une augmentation de 12,745 % des 16 éléments de coins, amène le courant dans la fenêtre à 999.024 A (999 attendus). Pour confirmer cette amélioration, nous avons tracé les courbes de densité de courant (Figure 2-8).

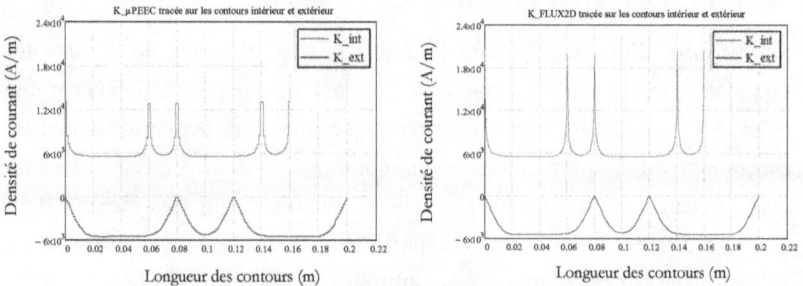

Figure 2-8 : Comparaison des courants superficiels pour $\mu_r = 1000$ en majorant de 13% les 16 éléments de la matrice V

Mis à part les pointes de courant dans les angles intérieurs que la largeur des éléments ne permet pas de suivre, la densité trouvée est étonnamment proche des courbes de référence et, bien entendu, il en va de même pour les courbes d'induction.

Cette fois, la cause de l'erreur semble localisée. Soulignons cependant que la correction apportée ici au le calcul de V est empirique (et incomplète puisque nous avons négligé la variation de l'excitation sur l'élément soumis au champ). Nous restons cependant très surpris par l'extrême sensibilité du résultat à la valeur de quelques éléments de matrice. Avant de chercher un remède, nous allons essayer de comprendre quelle est la cause de cette sensibilité.

3. NAPPE DE COURANT DANS UNE LAME D'AIR-REFLEXIONS MULTIPLES

En arrivant sur un matériau perméable, l'induction magnétique est partiellement réfléchie et, de ce fait, la valeur qu'elle prend devant le matériau est plus forte qu'en son absence. Ceci est longuement expliqué et justifié dans l'annexe 4 et 5. Que se passe-t-il lorsque la source d'induction est entre deux matériaux magnétiques semi-infinis ? La situation est comparable à ce que l'on observe chez le coiffeur lorsqu'on est entre deux glaces parallèles. On voit non seulement un reflet mais aussi une image de ce reflet et même une image de cette image….

3.1. Calcul direct des inductions et déduction des courants de surface

L'étude [Annexe 5, §2.2] de l'induction d'un fil placé dans une lame d'air entre deux matériaux magnétiques (Figure 2-9) permet de traiter ce problème.

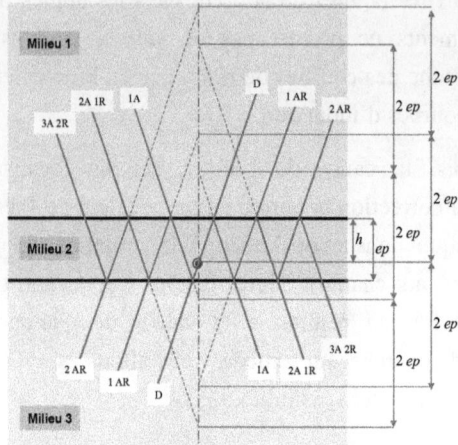

Figure 2-9 : Fil dans une lame entre deux matériaux semi-infinis

D : direct, A : aller, R : retour

3.1.1. Calcul des inductions et des courants de surface

En vertu des arguments développés dans l'annexe 5-§2.2, pour passer du fil à la nappe, il suffit de remplacer, dans les expressions établies (26 à 29) le champ du fil source et ceux des fils images par des champs de nappes. Nous allons donc effectuer cette substitution. Bien entendu, puisque le champ créé par une nappe est parallèle à celle-ci, nous ne gardons, de l'induction due à un fil, que la composante B_x. Les relations relatives à un fil sont rappelées ci-dessous ((2-2) à (2-6))

$$Bi_x(x,y) = -\frac{\mu_2 I}{2\pi}\frac{y+h}{x^2+(y+h)^2} \tag{2-2}$$

$$B_{1px}(x,y) = -\frac{\mu_2 I}{2\pi} t_{21} \sum_{m=0}^{\infty}\left[(r_{21}r_{23})^m\left(\frac{y-(-h-2m\,ep)}{x^2+\left[y-(-h-2m\,ep)\right]^2}+r_{23}\frac{y-\left[h-2(m+1)ep\right]}{x^2+\left\{y-\left[h-2(m+1)ep\right]\right\}^2}\right)\right] \tag{2-3}$$

$$B_{2px}(x,y) = -\frac{\mu_2 I}{2\pi} r_{23} \sum_{m=0}^{\infty}\left[(r_{21}r_{23})^m\left(\frac{y-\left[h-2(m+1)\,ep\right]}{x^2+\left\{y-\left[h-2(m+1)\,ep\right]\right\}^2}+r_{21}\frac{y-\left[-h-2(m+1)\,ep\right]}{x^2+\left\{y-\left[-h-2(m+1)\,ep\right]\right\}^2}\right)\right] \tag{2-4}$$

$$B_{2nx}(x,y) = -\frac{\mu_2 I}{2\pi} r_{21} \sum_{m=0}^{\infty}\left[(r_{21}r_{23})^m\left(\frac{y-(h+2m\,ep)}{x^2+\left[y-(h+2m\,ep)\right]^2}+r_{23}\frac{y-\left[-h+2(m+1)ep\right]}{x^2+\left\{y-\left[-h+2(m+1)ep\right]\right\}^2}\right)\right] \tag{2-5}$$

$$B_{3nx}(x,y) = -\frac{\mu_2 I}{2\pi} \, t_{23} \sum_{m=0}^{\infty} \left[(r_{21}r_{23})^m \left(\frac{y-(-h+2m\,ep)}{x^2+\left[y-(-h+2m\,ep)\right]^2} + r_{21} \frac{y-(h+2m\,ep)}{x^2+\left[y-(h+2m\,ep)\right]^2} \right) \right] \tag{2-6}$$

Dans ces expressions apparaissent les coefficients de transmission (t_{ij}) et de réflexion (r_{ij}) du champ magnétique définis comme suit (2-7).

$$t_{ij} = \frac{2\mu_j}{\mu_j + \mu_i} \quad \text{et} \quad r_{ij} = \frac{\mu_j - \mu_i}{\mu_j + \mu_i} \quad \Longrightarrow \quad 1 + r_{ij} = t_{ij} \tag{2-7}$$

L'expression (2-2) donne l'induction créée par un fil situé en $y = -h$. On retrouve cette fonction, translatée parallèlement à *Oy*, dans les quatre autres expressions où elle donne l'induction créée par chacune des différentes images. Afin d'adapter ces expressions, rappelons que, tant qu'elle est dans le vide, une nappe de courant parallèle à *xOz*, dont la densité *K* est uniforme et dirigée comme *Oz*, créée une excitation uniforme, parallèle à *Ox*, qui vaut *K/2* en dessous de la nappe et *–K/2* au dessus. Dans un milieu homogène, l'induction s'en déduit en multipliant par la perméabilité, ce qui permet de réécrire (2-8).

$$Bi_x(y) = -\frac{\mu_2 K}{2} \frac{y+h}{|y+h|} \tag{2-8}$$

Cette induction de dépend pas de *x* et sa variation en fonction de *y*, traduite par la seconde fraction de (2-7), se limite à un simple changement de signe lorsque $y = -h$. Il est facile de faire subir la même transformation aux 4 autres expressions.

$$B_{1px}(y) = -\frac{\mu_2 K}{2} \, t_{21} \sum_{m=0}^{\infty} \left[(r_{21}r_{23})^m \left(\frac{y-(-h-2m\,ep)}{|y-(-h-2m\,ep)|} + r_{23} \frac{y-\left[h-2(m+1)ep\right]}{\left|y-\left[h-2(m+1)ep\right]\right|} \right) \right] \tag{2-9}$$

$$B_{2px}(y) = -\frac{\mu_2 K}{2} \, r_{23} \sum_{m=0}^{\infty} \left[(r_{21}r_{23})^m \left(\frac{y-\left[h-2(m+1)\,ep\right]}{\left|y-\left[h-2(m+1)\,ep\right]\right|} + r_{21} \frac{y-\left[-h-2(m+1)ep\right]}{\left|y-\left[-h-2(m+1)ep\right]\right|} \right) \right] \tag{2-10}$$

$$B_{2nx}(y) = -\frac{\mu_2 K}{2} \, r_{21} \sum_{m=0}^{\infty} \left[(r_{21}r_{23})^m \left(\frac{y-(h+2m\,ep)}{|y-(h+2m\,ep)|} + r_{23} \frac{y-\left[-h+2(m+1)ep\right]}{\left|y-\left[-h+2(m+1)ep\right]\right|} \right) \right] \tag{2-11}$$

$$B_{3nx}(y) = -\frac{\mu_2 K}{2} \, t_{23} \sum_{m=0}^{\infty} \left[(r_{21}r_{23})^m \left(\frac{y-(-h+2m\,ep)}{|y-(-h+2m\,ep)|} + r_{21} \frac{y-(h+2m\,ep)}{|y-(h+2m\,ep)|} \right) \right] \tag{2-12}$$

Pour compléter, il est utile de corréler la zone où est définie l'induction avec la position des images impliquées. Par exemple, B_{2px} n'existe que dans la lame alors qu'aucune image n'existe dans cette zone. Il s'ensuit que, dans (2-9), les deux fractions fonctions de y demeurent égales à 1 dans tout le domaine où B_{2px} a un sens.

$$B_{1px} = -\frac{\mu_2 K}{2} t_{21} \sum_{m=0}^{\infty} \left[\left(r_{21} r_{23} \right)^m \left(1 + r_{23} \right) \right] = -\frac{\mu_2 K}{2} t_{21} t_{23} \sum_{m=0}^{\infty} \left(r_{21} r_{23} \right)^m$$

$$B_{2px} = -\frac{\mu_2 K}{2} r_{23} \sum_{m=0}^{\infty} \left[\left(r_{21} r_{23} \right)^m \left(1 + r_{21} \right) \right] = -\frac{\mu_2 K}{2} r_{23} t_{21} \sum_{m=0}^{\infty} \left(r_{21} r_{23} \right)^m$$

$$B_{2nx} = -\frac{\mu_2 K}{2} r_{21} \sum_{m=0}^{\infty} \left[\left(r_{21} r_{23} \right)^m \left(-1 - r_{23} \right) \right] = \frac{\mu_2 K}{2} r_{21} t_{23} \sum_{m=0}^{\infty} \left(r_{21} r_{23} \right)^m$$

$$B_{3nx} = -\frac{\mu_2 K}{2} t_{23} \sum_{m=0}^{\infty} \left[\left(r_{21} r_{23} \right)^m \left(-1 - r_{21} \right) \right] = \frac{\mu_2 K}{2} t_{23} t_{21} \sum_{m=0}^{\infty} \left(r_{21} r_{23} \right)^m$$

Finalement, en explicitant la somme infinie de la série géométrique, il vient :

$$B_{1px} = -\frac{\mu_2 K}{2} \frac{t_{21} t_{23}}{1 - r_{21} r_{23}} \ ; \quad B_{2px} = -\frac{\mu_2 K}{2} \frac{t_{21} r_{23}}{1 - r_{21} r_{23}} \ ; \quad B_{2nx} = \frac{\mu_2 K}{2} \frac{r_{21} t_{23}}{1 - r_{21} r_{23}} \ ; \quad B_{3nx} = \frac{\mu_2 K}{2} \frac{t_{21} t_{23}}{1 - r_{21} r_{23}} \qquad \text{(2-13)}$$

Il est important de remarquer que la série géométrique rencontrée ci-dessus rend compte des réflexions multiples dans la lame. En effet, à chaque fois que l'induction fait un aller-retour supplémentaire dans la lame (Figure 2-9), sa valeur est multipliée par le produit des deux coefficients de réflexion : $r_{12}.r_{13}$. La somme qui apparaît ici correspond donc à l'addition de l'induction obtenue après 1, 2, ... allers-retours. Notons que ces inductions successives semblent issues d'images de plus en plus éloignées de la lame.

En partant de (2-13), les expressions des deux courants de surface s'obtiennent facilement. Puisque l'induction du système équivalent est identique à celle du système réel, en divisant cette induction par μ_0 nous accédons à l'excitation du système équivalent et à ses sauts aux passages des deux surfaces. Les courants superficiels s'en déduisent directement (2-14).

$$K_{12} = \frac{r_{21}t_{23}}{1-r_{21}r_{23}}\mu_{r2}K \qquad\qquad K_{23} = \frac{r_{23}t_{21}}{1-r_{21}r_{23}}\mu_{r2}K \qquad (2\text{-}14)$$

3.1.2. Calcul des courants de surface par μPEEC

Maintenant que nous disposons de (2-14) comme repère, vérifions que la méthode μPEEC conduit aux mêmes résultats. Étant donné qu'il n'y a que deux surfaces impliquées et que la densité de courant sur chacune est uniforme, il est inutile de discrétiser ces surfaces et le système d'équations doit donner accès à deux densités superficielles : K_{12} et K_{23}. En reprenant la méthode déjà exposée (§2.2.4, Chapitre 1), nous calculons successivement les matrices U et V puis l'excitation tangentielle due, dans le système équivalent, à la nappe source. La détermination de la matrice U est rapide : l'excitation créée par une surface sur l'autre ne dépend que de leurs positions respectives et celle appliquée à elle-même est nulle. Ainsi :

$$\begin{matrix} Hs_{12} = 0\,K_{12} - \dfrac{1}{2}\,K_{23} \\[2mm] Hs_{23} = \dfrac{1}{2}\,K_{12} + 0\,K_{23} \end{matrix} \implies \begin{pmatrix} Hs_{12} \\ Hs_{23} \end{pmatrix} = \begin{pmatrix} 0 & -\dfrac{1}{2} \\[2mm] \dfrac{1}{2} & 0 \end{pmatrix}\begin{pmatrix} K_{12} \\ K_{23} \end{pmatrix} \quad \text{soit :} \quad U = \begin{pmatrix} 0 & -\dfrac{1}{2} \\[2mm] \dfrac{1}{2} & 0 \end{pmatrix} \qquad (2\text{-}15)$$

Nous observons (2-16) qu'un coefficient de réflexion r_{ij} apparaît dans le calcul de V. Pour chaque élément, il implique les deux milieux limitrophes. D'autre part, le passage de i vers j, la direction de K et la direction de Ht, forment, dans cet ordre, un trièdre direct.

$$V_{ij} = \frac{1}{2}\frac{\mu_{r1}+\mu_{r2}}{\mu_{r1}-\mu_{r2}}\delta_{ij} - U_{ij} \qquad (2\text{-}16)$$

Dans notre problème, si d'une surface à l'autre nous conservons le même sens pour K comme pour Ht, nous devons traverser les deux surfaces dans le même sens. Nous devons donc introduire r_{12} pour la surface supérieure et r_{23} pour la surface inférieure. Ceci dit, en revenant à (2-7), il est facile de voir que $r_{21} = -r_{12}$.

$$V = \begin{pmatrix} -\dfrac{1}{2r_{21}} & 0 \\[2mm] 0 & \dfrac{1}{2r_{23}} \end{pmatrix} - U = \begin{pmatrix} -\dfrac{1}{2r_{21}} & 0 \\[2mm] 0 & \dfrac{1}{2r_{23}} \end{pmatrix} - \begin{pmatrix} 0 & -\dfrac{1}{2} \\[2mm] \dfrac{1}{2} & 0 \end{pmatrix} = \begin{pmatrix} -\dfrac{1}{2r_{21}} & \dfrac{1}{2} \\[2mm] -\dfrac{1}{2} & \dfrac{1}{2r_{23}} \end{pmatrix} \qquad (2\text{-}17)$$

Maintenant nous évaluons Ht sur les deux surfaces du système équivalent en divisant (2-8) par μ_0 et nous pouvons conclure en inversant V.

$$Hft_{12} = -\frac{1}{2}\mu_{r2}K$$
$$Hft_{23} = \frac{1}{2}\mu_{r2}K$$

$$\frac{1}{2}\begin{pmatrix} -\frac{1}{r_{21}} & 1 \\ -1 & \frac{1}{r_{23}} \end{pmatrix}\begin{pmatrix} K_{12} \\ K_{23} \end{pmatrix} = \frac{1}{2}\mu_{r2}\begin{pmatrix} -K \\ K \end{pmatrix} \tag{2-18}$$

$$\begin{pmatrix} K_{12} \\ K_{23} \end{pmatrix} = \frac{1}{1-r_{21}r_{23}}\begin{pmatrix} r_{21}t_{23} \\ r_{23}t_{21} \end{pmatrix}\mu_{r2}K \tag{2-19}$$

D'une façon beaucoup plus directe, nous parvenons au résultat attendu et nous pouvons dire que le dénominateur commun de (2-14) et (2-19) signes l'influence des réflexions multiples

Concernant (18), le numérateur s'explique, lui aussi, en faisant appel aux réflexions. Par exemple, le numérateur de K_{12} fait apparaître $\mu_{r2}K$, qui est la valeur du courant source (dans le système équivalent). Il introduit ensuite r_{21} : c'est le coefficient multiplicateur qui donne le courant image en fonction du courant source en l'absence de réflexions multiples. Enfin, le facteur $t_{23} = 1 + r_{23}$ est introduit. Il permet d'ajouter, au champ source qui parvient directement à la surface S_{12}, celui qui y arrive après une seule réflexion sur S_{23}. Autrement dit, le champ qui arrive sur S_{12} emprunte deux chemins distincts mais, ensuite, c'est ce champ total qui est réfléchi indéfiniment par les deux surfaces et c'est le dénominateur qui fixe l'amplification due à ces réflexions multiples.

3.2. Réflexions multiples sensibilité aux coefficients de réflexion

Maintenant que les expressions de ces courants sont validées, il faut s'interroger sur l'incidence du dénominateur de la fraction visible dans (2-14) ou (2-19). En effet, si le produit $r_{21}.r_{23}$ est proche de 1, la moindre imprécision sur la valeur de l'un de ces coefficients, peut entraîner une imprécision très importante sur le résultat final. Cette sensibilité extrême peut se rencontrer si le milieu 2 est : soit beaucoup moins, soit beaucoup plus perméable que les deux autres. En pratique, la seconde condition est plus difficile à satisfaire puisque le milieu 2 est celui dans lequel est le fil.

Cette imprécision potentielle présente des similitudes troublantes avec celle rencontrée au début de ce chapitre, lors de l'utilisation de µPEEC. En effet, en supposant que le conducteur est dans l'air, elle ne se manifeste que s'il est entouré de matériaux très perméables. Lors de nos nombreux essais menés avec une perméabilité de 10, nous n'avons pas rencontré de problème. Pas de problème non plus lorsqu'un matériau très perméable était à proximité du conducteur mais ne l'entourait pas.

Évidemment, nous sommes tentés d'attribuer cette hypersensibilité aux réflexions multiples que nous avons bien analysées quand elles surviennent entre deux plaques parallèles. Mais que se passe-t-il quand le fil est dans une cavité rectangulaire ? Une observation va à l'encontre des résultats relatifs à la lame : la densité de courant superficiel croît quand on s'éloigne du fil et que l'on s'approche des coins ! Pour le moment, nous ne savons pas expliquer cela. Peut-on, dans ce cas, généraliser la notion de « réflexions multiples » ? Si oui, que devient le coefficient de réflexion ? Les phénomènes qui apparaissent dans les coins doivent être compris car l'hypersensibilité que nous avons constatée durant notre simulation de transformateur était relative à des éléments de la matrice U calculés pour les coins. Ces éléments n'étaient donc pas parallèles !

Ainsi, même si nous avons dégagé quelques pistes, il semble nécessaire, pour étayer notre intuition, d'étudier ce qui ce passe dans les coins des fenêtres de bobinage.

4.   COIN RENTRANT D'UN MATERIAU MAGNETIQUE

4.1.   Description du dispositif

Dans l'espace rapporté au repère *Oxyz*, nous considérons (Figure 2-10) un système invariant par translation parallèle à *Oz* dont les zones telles que *x* ou *y* est négatif sont remplies par un matériau magnétique lhi de perméabilité μ_r. Le reste de l'espace est rempli d'air et un fil parallèle à *Oz*, situé, dans la zone d'air, en (x_f, y_f) est parcouru par un courant I_f orienté comme *Oz*.

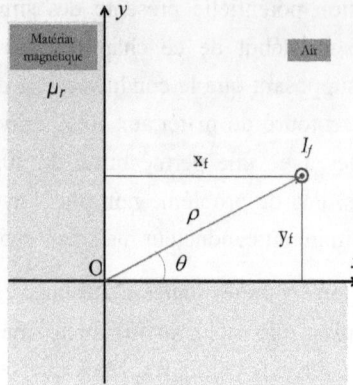

Figure 2-10 : Fil dans un angle rentrant de matériau magnétique

Cherchons le champ magnétique régnant dans ce système en exploitant, dans un premier temps, la méthode µPEEC. Hormis la position du fil qui n'influence que la valeur de l'excitation incidente, le système est symétrique par rapport à la première bissectrice. Il est donc logique d'adopter, pour les deux demi-plans, la même discrétisation, (quelle qu'elle soit !). Ceci fait, la moitié des éléments de la matrice U sont nuls puisqu'un demi-plan ne créée pas d'excitation tangentielle sur lui-même. En outre, puisque la matrice U traduit les propriétés du système sans le fil, elle doit présenter une certaine symétrie vis-à-vis des deux plans. Pour toutes ces raisons, nous allons essayer de formuler les équations de µPEEC demi-plan par demi-plan sans faire appel à la matrice U. Il se pourrait qu'une matrice plus compacte suffise à résoudre le problème.

4.2. Mise en équations numériques

En remarquant qu'une seule longueur caractérise ce dispositif (la distance du fil par rapport à l'angle du matériau), il paraît judicieux de repérer le fil par ses coordonnées polaires (θ, ρ) et d'étudier ce problème à l'aide des coordonnées réduites $tx = \dfrac{x}{\rho}$ et $ty = \dfrac{y}{\rho}$

Le calcul de l'excitation appliquée par le fil aux éléments des deux demi-plans est très simple. Pour le $i^{ème}$ élément du demi-plan horizontal puis vertical, il donne respectivement :

$$Hfx_i = \frac{1}{2\pi} \frac{yf}{\left(x_i - xf\right)^2 + yf^2} If = \frac{If}{2\pi\rho} \frac{sin\,\theta}{\left(tx_i - 2\,cos\,\theta\right)tx_i + 1} = \frac{If}{2\pi\rho}\, hfx_i \qquad \text{(2-20)}$$

$$Hfy_i = \frac{1}{2\pi} \frac{-xf}{xf^2 + \left(y_i - yf\right)^2} If = -\frac{cos\,\theta}{1 + \left(ty_i - 2\,sin\,\theta\right)ty_i} \frac{If}{2\pi\rho} = \frac{If}{2\pi\rho}\, hfy \qquad \text{(2-21)}$$

Nous avons mis en facteur la quantité $\dfrac{If}{2\pi\rho}$ qui ne dépend pas de i.

Pour la mise en équations, nous commençons par le demi-plan zOx. Dans le système équivalent, l'excitation Hmx, appliquée au demi-plan zOx par les deux autres sources, se lie facilement au courant superficiel Kx qui circule au même endroit :

$$\frac{Hmx - \dfrac{Kx}{2}}{Hmx + \dfrac{Kx}{2}} = \frac{1}{\mu_r} \quad \rightarrow \quad Hmx = \frac{1}{2}\frac{\mu_r + 1}{\mu_r - 1} Kx \qquad \text{(2-22)}$$

Nous reconnaissons le coefficient de réflexion r sur la surface zOx et nous l'intégrons dans (2-23).

$$r = \frac{\mu_r - 1}{\mu_r + 1} \quad \rightarrow \quad Hmx = \frac{1}{2r} Kx \qquad \text{(2-23)}$$

Puisqu'un demi-plan ne crée aucune excitation tangentielle sur lui-même, Hmx est la somme de l'excitation Hfx envoyée directement par le fil et de celle Hsx due aux courants circulant sur l'autre demi-plan.

$$Hmx_i = Hfx_i + Hsx_i \qquad \text{(2-24)}$$

Au point i, Hsx_i dépend linéairement des courants Ky circulant sur l'intégralité de l'autre demi-plan. Si l_j est la largeur de l'élément dans lequel circule le courant Ky_j il vient :

$$Hsx_i = \sum_j \frac{1}{2\pi} \frac{y_j}{x_i^2 + y_j^2} Ky_j\, l_j \quad \Rightarrow \quad Hsx = \frac{1}{2} A\, Ky \quad \text{avec :} \quad A_{i,j} = \frac{1}{\pi} \frac{y_j\, l_j}{x_i^2 + y_j^2} \qquad \text{(2-25)}$$

En introduisant (2-23) et (2-25) dans (2-24), il vient :

$$\frac{1}{2r} Kx = Hfx + \frac{1}{2} A \, Ky \quad \rightarrow \quad Kx = 2r\left(Hfx + \frac{1}{2} A \, Ky \right) \tag{2-26}$$

Ce qui se passe pour l'autre demi-plan est analogue puisque, outre la symétrie du système physique étudié, nous adoptons, pour les deux surfaces, la même discrétisation. Après quelques adaptations, (2-26) se transforme en (2-27) :

$$Ky = -2r\left(Hfy - \frac{1}{2} A \, Kx \right) \tag{2-27}$$

En reportant (2-27) dans (2-26) puis inversement, nous obtenons deux équations très semblables qui n'impliquent plus, chacune, que l'une des fonctions cherchées.

$$Kx = (I - r^2 A^2)^{-1} . 2r . (Hfx - r.A.Hfy) \tag{2-28}$$

$$Ky = (I - r^2 A^2)^{-1} . 2r . (-Hfy + r.A.Hfx) \tag{2-29}$$

Comme espéré, nous avons résolu le problème à l'aide d'une matrice dont les dimensions sont égales à la moitié du nombre total d'éléments. Arrêtons-nous un instant sur les deux relations trouvées.

Tout d'abord, en retournant à l'écriture explicite de l'excitation incidente ((2-20) et (2-21)), nous constatons que les deux densités superficielles sont proportionnels à $\frac{If}{\rho}$. En effet, ces deux variables ne figurent pas dans les autres termes des ces deux expressions. Nous voyons également que, faire passer le fil dans la position symétrique par rapport à la bissectrice du premier quadrant, transforme Hfx en $-Hfy$ et inversement (le changement de signe rappelle que, si l'excitation incidente est orientée vers les x positifs sur Ox, elle est dirigée vers les y négatifs sur Oy). En conséquence, ce déplacement se traduit par un échange des fonctions Kx et Ky.

Essayons maintenant de rapprocher les relations (2-28) et (2-29) de celles établies auparavant, pour des dispositifs plus simples, en présence de réflexions. Commençons par observer que, si $A = 0$, c'est-à-dire si le second plan ne réfléchit pas, les deux relations se simplifient (2-30) et elles coïncident avec celle établies pour un fil devant un milieu semi-infini (annexe 4).

$$Kx = 2r\ Hfx \quad \text{et} \quad Ky = -2r\ Hfy \quad \text{alors que} \quad K(x) = 2\frac{\mu_r - 1}{\mu_r + 1}\frac{I}{2\pi}\frac{h}{x^2 + h^2} = 2r\ Hx \qquad \textbf{(2-30)}$$

Le signe de Ky résulte d'une considération d'orientation (dans cette expression, r devrait être remplacé par $-r$).

Pour la lame d'air, en présence de réflexions multiples, nous avons vu (2-19) qu'avant de passer indéfiniment d'une face à l'autre, l'excitation parvenant à une face est renforcée par celle provenant de l'autre après une réflexion. Il apparaît clairement qu'ici c'est le produit $r.A$ qui joue le rôle du coefficient de réflexion. En fait, pour passer d'une face à l'autre, il faut bien évidemment une réflexion (ici traduite par r) mais aussi un déplacement qui entraîne une atténuation (traduite par A). Cette atténuation dépendant du point de départ et du point d'arrivée, l'apparition de ce facteur matriciel semble naturelle.

Pour finir, maintenant que nous avons compris la signification du produit $r.A$, il est clair qu'un aller et retour entre les deux demi-plans fait intervenir ce produit deux fois (donc au carré) et que la somme de la série géométrique (ici matricielle) explique la présence de la matrice inversée présente dans (2-28) et (2-29). Ainsi, moyennant un élargissement de la notion de réflexion, cette étude nous montre que le phénomène de réflexions multiples n'est pas réservé aux lames à faces parallèles et qu'il nécessite un traitement matriciel.

Elle montre aussi que l'addition des effets des réflexions successives se traduit par la mise en facteur de l'inverse d'une matrice qui joue le même rôle que le dénominateur de (2-19). C'est probablement ce facteur qui amène une hypersensibilité du résultat à certains paramètres. Pour le savoir, il faudra donc s'intéresser au conditionnement de la matrice V.

4.3. Exemple de résultat

Les courbes de la Figure 2-11 sont tracées à l'aide de l'approche numérique exposée ci-dessus. Les données physiques ont été choisies comme suit :

$$\mu_r = 2000, \quad x_f = 4\ cm, \quad y_f = 1\ cm, \quad I_f = 1\ A.$$

La discrétisation des deux axes est identique. Les limites des éléments sont situées à des abscisses qui suivent, à raison de 100 points par décade, une progression géométrique. 12 décades de distance sont couvertes dont la moitié en dessous de la distance du fil à l'angle. Quelques points régulièrement espacés sont ajoutés près de l'origine pour éviter que ces premiers éléments ne soient plus longs que le premier de la progression géométrique. Sur la courbe présentée, nous avons masqué la première et la dernière décade.

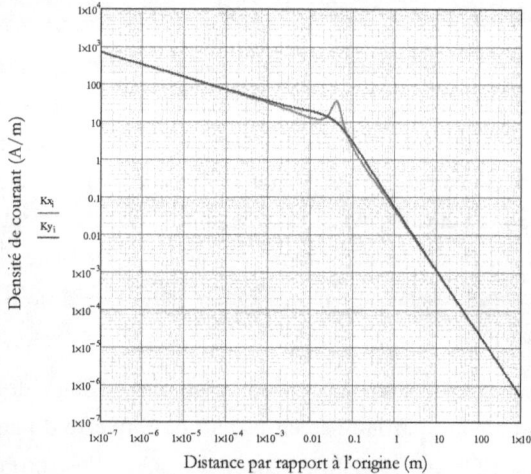

Figure 2-11 : Densités de courant superficiel pour le fil dans l'angle

Le pic de densité sur Ox est atteint en face du fil et, sur Oy, il est beaucoup moins marqué car le fil est plus éloigné de ce plan. On remarque qu'aux petites comme aux grandes distances, les deux densités montrent les mêmes comportements asymptotiques. Celles-ci sont représentées par des droites sur une échelle log-log. On remarque en particulier que la pente, du

74

côté des faibles distances, semble confirmer la loi en $x^{-0.3}$ observée avec FLUX2D (§2.7). Vu que cette loi de variation pourrait nous être utile, nous allons tenter de la conforter par une approche analytique.

Les conclusions ci-dessus ont été tirées de μPEEC, moyennant une discrétisation extrêmement fine près du coin. Cependant, au vu des difficultés signalées plus haut, nous ne les avons considérées comme établies qu'après avoir confronté ces résultats à ceux de FLUX2D.

4.4. Comparaison avec FLUX2D

Pour la simulation dans FLUX2D, le système décrit par la Figure 2-10 est aménagé comme indiqué sur la Figure 2-12-a. Les côtés de l'angle sont bornés à 40 fois la distance angle-fil. Les conditions appliquées aux limites sont indiquées sur la figure. Une discrétisation géométrique (100 points par décade) est imposée sur les deux faces du coin mais le maillage Figure 2-12-b est relâché aussi bien dans l'air que dans le matériau magnétique.

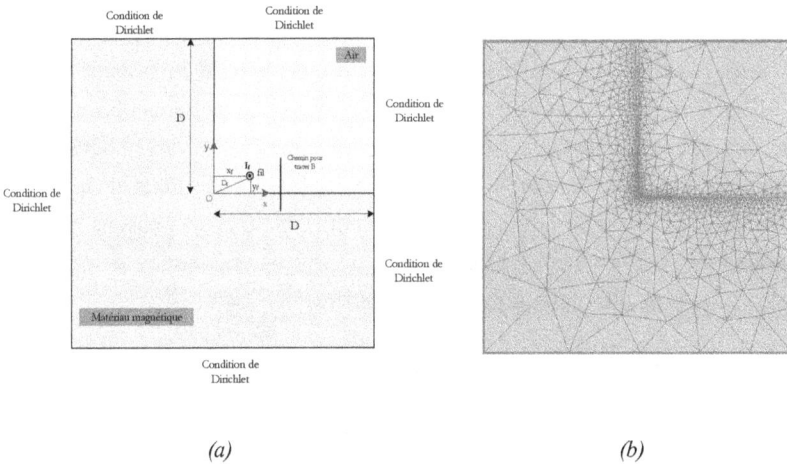

(a)   *(b)*

Figure 2-12 : Géométrie et les conditions aux limites introduites dans FLUX2D (a) ; la vue du maillage (b)

Le nombre des éléments spatiaux croît très vite en fonction du nombre des éléments définis sur les demi-plans. Pour cette raison, nous avons n'avons balayé, lors de ces comparaisons, que 6 décades de distance. Le fil est situé toujours en (**4 cm, 1 cm**) et, les côtés de l'angle sont arrêtés à **4 m**. La perméabilité relative du matériau vaut **2000**.

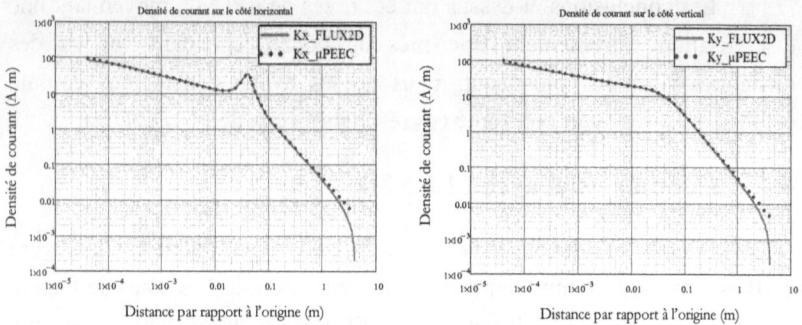

Figure 2-13 : Densités de courants superficiel déduites de μPEEC et de FLUX 2D

Les résultats de FLUX2D et de μPEEC sont assez proches (Figure 2-13), sauf vers les courtes et les longues distances. Près de l'angle, la finesse du maillage est limitée et l'évaluation de l'induction près de la surface (sur laquelle, dans FLUX2D, repose celle de *K*) est délicate. C'est la raison la plus probable de l'écart observé. Vers le bord du système décrit, la condition de Dirichlet force à zéro la composante tangentielle *Ht*. C'est ce qui, près de cette limite, fait tendre rapidement vers zéro la densité de courant. En dépit de ces écarts, il semble que les résultats de μPEEC obtenus avec une résolution très fine soient fiables. Nous pensons que cet accord est suffisamment bon pour qu'il ne soit pas nécessaire de remettre en cause les résultats du paragraphe précédent.

4.5. Mise en équations analytiques

La démarche est identique mais nous devons remplacer les vecteurs indicés par les numéros d'éléments par des fonctions des coordonnées. (2-26) et (2-27) se transforment ainsi en (2-31) et (2-32).

$$\frac{1}{2r}Kx(\rho.tx) = Hfx(tx) + \frac{1}{2}\int_0^\infty \frac{1}{\pi}\frac{ty}{tx^2+ty^2}Ky(\rho.ty)dty \qquad (2\text{-}31)$$

$$\frac{1}{2r}Ky(\rho.ty) = -Hfy(ty) + \frac{1}{2}\int_0^\infty \frac{1}{\pi}\frac{tx}{tx^2+ty^2}Kx(\rho.tx)dtx \qquad (2\text{-}32)$$

En reportant l'une dans l'autre nous séparons les variables :

$$Kx(\rho\ tx) - r^2\int_0^\infty \frac{1}{\pi}\frac{ty}{tx^2+ty^2}\left(\int_0^\infty \frac{1}{\pi}\frac{tx}{tx^2+ty^2}Kx(\rho\ tx)\ dtx\right)dty = \dots$$

$$\dots = 2r\left(Hfx(tx) - r\int_0^\infty \frac{1}{\pi}\frac{ty}{tx^2+ty^2}Hfy(ty)\ dty\right) \qquad (2\text{-}33)$$

$$Ky(r\ ty) - r^2\int_0^\infty \frac{1}{\pi}\frac{tx}{tx^2+ty^2}\left(\int_0^\infty \frac{1}{\pi}\frac{ty}{tx^2+ty^2}Ky(\rho\ ty)\ dty\right)dtx = \dots$$

$$\dots = 2r\left(Hfy(ty) + r\int_0^\infty \frac{1}{\pi}\frac{tx}{tx^2+ty^2}Hfx(tx)\ dtx\right) \qquad (2\text{-}34)$$

Alors que le membre de gauche de (2-31) est linéaire par rapport à Kx, en revenant à (2-20) et (2-21) la quantité $\dfrac{r.If}{2\pi\rho}$ peut être mise en facteur du membre de droite. Il semble donc intéressant d'introduire la fonction kx telle que : $Kx(\rho.tx) = \dfrac{2r.If}{2\pi\rho}kx(tx)$ et de faire de même pour Ky. Il vient ainsi :

$$kx(tx) - r^2\int_0^\infty \frac{1}{\pi}\frac{ty}{tx^2+ty^2}\left(\int_0^\infty \frac{1}{\pi}\frac{tx}{tx^2+ty^2}kx(tx)\ dtx\right)dty = \dots$$

$$\dots hfx(tx) - r\int_0^\infty \frac{1}{\pi}\frac{ty}{tx^2+ty^2}hfy(ty)\ dty \qquad (2\text{-}35)$$

$$ky(ty) - r^2\int_0^\infty \frac{1}{\pi}\frac{tx}{tx^2+ty^2}\left(\int_0^\infty \frac{1}{\pi}\frac{ty}{tx^2+ty^2}ky(ty)\ dty\right)dtx = \dots$$

$$\dots hfy(ty) + r\int_0^\infty \frac{1}{\pi}\frac{tx}{tx^2+ty^2}hfx(tx)\ dtx \qquad (2\text{-}36)$$

Puisque I et ρ sont absents des membres de droite de ces équations, les fonctions $kx(tx)$ et $ky(ty)$ ne dépendent plus que des paramètres r et θ. Ce dernier paramètre apparaît explicitement lorsque hfx et hfy sont remplacés par (2-20) et (2-21).

Les équations intégrales (2-35) et (2-36) sont du type Fredholm du second ordre (Wikipedia). Nous n'avons pas eu le temps de voir s'il était possible de les résoudre d'une manière complètement analytique. En revanche, nous nous sommes intéressés aux deux comportements asymptotiques visibles sur la Figure 2-11 lorsque la distance est soit beaucoup plus petite, soit beaucoup plus grande que ρ.

4.6. Recherche analytique des asymptotes

Il s'avère, en observant les résultats de FLUX2D et de µPEEC, que dans les deux régions qui nous intéressent ici, la densité de courant induite directement par le fil est négligeable et les deux densités coïncident. Pour Kx, cette densité s'évalue à l'aide de (2-31). C'est la densité de courant que créerait le fil en l'absence du second demi-plan. Tant que le premier terme du second membre de (2-31) est négligeable on a :

$$\frac{1}{2r}Kx(\rho\ tx)=\frac{1}{2}\int_0^\infty\frac{1}{\pi}\frac{ty}{tx^2+ty^2}Ky(\rho\ ty)\ dty \qquad (2\text{-}37)$$

Soit :

$$Kx(\rho\ tx)=\frac{r}{\pi}\int_0^\infty\frac{ty}{tx^2+ty^2}Ky(\rho\ ty)\ dty \qquad (2\text{-}38)$$

L'intégrale peut être explicitée lorsque $Kx(\rho tx)=tx^{-p}$ si p est strictement compris entre 0 et 2. On peut aussi l'expliciter si Kx est une combinaison linéaire de telles fonctions. Voyons comment procéder.

$$\int_0^\infty\frac{ty}{tx^2+ty^2}\frac{1}{ty^p}\ dty=\int_0^\infty\frac{\dfrac{ty}{tx}}{1+\left(\dfrac{ty}{tx}\right)^2}\frac{tx}{tx^2}\frac{1}{\left(\dfrac{ty}{tx}\right)^p}\frac{1}{tx^p}tx\ d\left(\frac{ty}{tx}\right)$$

$$=\frac{1}{tx^p}\int_0^\infty\frac{u^{1-p}}{1+u^2}\ du=\frac{1}{tx^p}\frac{\pi}{2}\frac{1}{\sin\left(p\dfrac{\pi}{2}\right)} \qquad (2\text{-}39)$$

Le résultat de l'intégration sur u invoqué ci-dessus est donné par la formule 3.241 de *"Table of integrals, Series and Products, fith edition"* [GRA-94]

Voyons à quelles conditions (2-38) est vérifiée.

$$\frac{1}{tx^{p}} = \frac{r}{\pi}\frac{1}{tx^{p}}\frac{\pi}{2}\frac{1}{sin\left(p\dfrac{\pi}{2}\right)} \quad \Rightarrow \quad sin\left(p\frac{\pi}{2}\right) = \frac{r}{2}$$ (2-40)

Avec une perméabilité μ_r forte, r est peu différent de 1. Dans ces conditions, le sinus doit être égal à ½, ce qui conduit à des comportements en $Kx(\rho tx) = tx^{-1/3}$ ou $Kx(\rho tx) = tx^{-5/3}$. Ces comportements sont précisément ceux que nous avons mis en évidence à l'aide de nos logiciels. Plus généralement, (2-40) s'inverse et donne p en fonction de r ou de μ_r.

$$p = \frac{2}{\pi}\arcsin\left(\frac{r}{2}\right) = \frac{2}{\pi}\arcsin\left(\frac{1}{2}\frac{\mu_r - 1}{\mu_r + 1}\right)$$ (2-41)

Cette équation donne, pour un μ_r fixé, deux valeurs de p dont la somme est égale à 2 (et la moyenne égale à 1 !). La première est au plus (pour une perméabilité élevée) égale à 1/3 et, dans ce cas, la seconde vaut 5/3. Nous avons écarté les valeurs négatives de p puisque, par hypothèse, p doit être strictement compris entre 0 et 2.

Deux essais, menés avec µPEEC, pour des perméabilités très faibles (3 et 1.7) ont confirmé les pentes données par (2-41). Ainsi, nous avons établi qu'à des distances beaucoup plus petites que ρ, $Kx(x)$ est, à une constante multiplicative M près qui ne dépend que de r et θ, donné par :

$$Kx(x) = M\,2r\,\frac{If}{2\pi\rho}\left(\frac{x}{\rho}\right)^{-\frac{2}{\pi}\arcsin\left(\frac{r}{2}\right)}$$ (2-42)

Signalons que (2-42) *est également la solution de l'équation intégrale* (2-33) *sans second membre.*

Les deux comportements asymptotiques trouvés ci-dessus permettent de proposer une fonction approchée pour les deux densités de courant :

$$K(t) = r\frac{If}{\rho\,t}\frac{1}{t^{p-1} + t^{1-p}}$$ (2-43)

En la traçant sur un papier log-log, on remarque que la fonction *t.K(t)* est symétrique par rapport à *t = 1*. Cela se justifie car la fonction qui reste à droite ne change pas de valeur si on remplace *t* par *1/t*. On vérifie que cette particularité de *K(t)* est partagée par toutes les solutions trouvées pour les densités de courant à l'aide de μPEEC. La démonstration générale de ceci s'établit à l'aide de l'équation analytique (2-35). En effet, si on le multiplie par *t*, son second membre présente la propriété énoncée : le remplacement de t par *1/t* ne change pas sa valeur.

$$k(t) - \alpha^2 \int_0^\infty \frac{u}{u^2 - t^2} ln\left(\frac{u}{t}\right) k(u) \ du = \frac{1}{t} \frac{S}{\left(t + \frac{1}{t}\right) - 2C} + \alpha \frac{C}{\left(t + \frac{1}{t}\right)^2 - 4C^2} \cdot \frac{t}{t^2} \cdot$$

$$\cdot \left[t \ ln(t) + \frac{1}{t} ln\left(\frac{1}{t}\right) + \left(\frac{1}{t} + t\right) \frac{S}{C} \left(\frac{\pi}{2} - \theta\right) - S \ \pi\right]$$

(2-44)

5.   CONCLUSION

Quand nous avons commencé à appliquer la méthode μPEEC, nous avons vite obtenu des résultats qui semblaient probants. Nous les avons présentés au cours du premier chapitre. Nous avons multiplié les études afin de varier les dispositifs en adoptant comme références soit des études analytiques soit des simulations numériques soit les deux. Les essais ont souvent été menés avec une perméabilité égale à 10, une valeur qui permettait de visualiser, sur une même image, les lignes de flux dans l'air et dans le matériau magnétique.

Malheureusement, lorsque nous avons tenté d'étudier un dispositif concret, nous avons déchanté. Ca ne marchait pas et pourtant, les résultats ne semblaient pas complètement aberrants. Les équipotentielles, par exemple, montraient des formes plausibles qui, pendant un temps, nous ont égarés. En revanche, les champs qui, eux aussi avaient une forme correcte, étaient trop petits. Cela plaidait plutôt en faveur d'une erreur de code. Après avoir cherché en vain une erreur de ce type, nous repartions pour un cycle de vérification sur des exemples finalement proches des premiers traités car les systèmes qui peuvent être confrontés à une référence simple et fiable tout en offrant des points de comparaison facilement accessibles ne sont pas si nombreux. Évidemment, cette campagne d'essais ne nous menait pas plus loin que les précédentes. Bref nous avons mis beaucoup de temps à comprendre ce qui ne marchait pas.

Au long de ce chapitre, nous avons tenu à présenter une démarche logique qui conduit à bien cerner l'origine de la difficulté. Dommage que nous ne l'ayons pas suivie plus tôt ! Avec ce recul, nous savons maintenant que, pour que notre calcul soit insatisfaisant, il faut réunir trois conditions : il faut que le fil soit dans une cavité, que cette cavité ait des parois très réfléchissantes (c'est-à-dire composée de matériaux très perméables) et que ses parois soient anguleuses. Difficile de trouver cela par hasard !

Pour comprendre, nous avons analysé et étendu la notion de réflexions multiples qui semble être à l'origine de ces soucis. A cette occasion, nous avons montré que les coefficients de réflexion devaient s'écrire sous forme matricielle pour intégrer la variation avec l'éloignement. L'addition des réflexions successives se traduit par l'apparition d'une matrice inverse en facteur. Cette matrice pourrait être à l'origine de l'hypersensibilité à certains éléments si elle est mal conditionnée. Enfin, nous avons analysé la conséquence des réflexions multiples dans les angles rentrants des cavités : elles conduisent à des profils de courant pointus dont nous avons établi la loi de variation.

Après avoir observé que la concentration du courant au milieu de chaque élément menait à des courbes d'inductions ressemblant peu à la réalité, nous devons réfléchir à toutes les conséquences de cette approximation. Soulignons que l'inexactitude ainsi introduite est d'autant plus grande que le champ est calculé près du segment. De ce fait, sauf exception, elle pèse peu lorsqu'on évalue l'excitation tangentielle envoyée par le fil source. En revanche, pendant la phase d'évaluation de l'interaction d'un élément sur un autre (traduite par la matrice U), l'erreur ainsi introduite peut être importante pour les éléments proches sauf s'ils sont alignés (dans ce dernier cas, le couplage est nul), c'est le cas des éléments situés dans les coins. Ce raisonnement est cohérent avec l'observation suivant laquelle une faible variation des éléments d'angles de la matrice U provoque une variation considérable du résultat final.

Chapitre 3

Tests d'améliorations et nouvelle formulation de µPEEC

1. INTRODUCTION

Au cours du chapitre 2, nous avons constaté que la technique de calcul mise en œuvre pour appliquer la méthode μPEEC était imparfaite. Telle qu'elle a été présentée, elle donne des résultats très imprécis lorsque trois conditions sont réunies : la source de champ (pour l'instant un fil) doit être dans une cavité, cette cavité doit être très réfléchissante (c'est-à-dire creusée dans un matériau très perméable) et elle doit être anguleuse. Pour cette raison, nous conduirons nos tests en prenant comme exemple un fil passant dans la cavité rectangulaire d'un matériau magnétique infini de forte perméabilité ($\mu_r = 2000$).

Pour calculer un champ par la méthode μPEEC, il faut, dans un premier temps, trouver la répartition des courants superficiels qui circulent dans le système équivalent. L'induction cherchée s'en déduit ensuite comme si tout l'espace présentait la perméabilité du vide. Nos investigations ont montré que l'imprécision s'introduit principalement durant la première étape, lors du calcul des éléments de la matrice *V*. Cette matrice donne la valeur de l'excitation tangentielle créée par un élément de courant superficiel sur un autre. Durant nos premiers essais, nous l'avons calculée en recourant à deux approximations : le courant de l'émetteur a été supposé concentré en son milieu et l'excitation reçue a été identifiée à celle parvenant au milieu de l'élément récepteur. A l'évidence, ces approximations sont acceptables lorsque les éléments impliqués sont très distants par rapport à leurs largeurs mais, en revanche, elles ne peuvent pas être satisfaisantes lorsqu'il s'agit des deux éléments adjacents d'un angle. Nous avons d'ailleurs montré, dans le chapitre 2, que les éléments d'angles sont effectivement responsables d'une grande part de l'imprécision finale. Nous allons donc évaluer l'impact de ces approximations et tenter d'en proposer des plus précises.

Enfin, nous avons été surpris par l'amplitude de la modification de *K* que provoque le faible accroissement d'un petit nombre d'éléments de *V*. Nous allons voir si cela est révélateur d'un problème de conditionnement de cette matrice. Dans l'affirmative, des techniques aptes à surmonter ce type de difficulté ont été proposées dans la littérature. Il serait peut-être judicieux d'y recourir.

2. TESTS D'AMÉLIORATIONS

2.1. Dispositif testé

Comme le montre la Figure 3-1, le dispositif sur lequel nous allons mener nos comparaisons est une cavité rectangulaire de dimensions **8x4 cm**, creusée dans un matériau magnétique infini de perméabilité relative μ_{r1} = **2000**. Le fil source, parcouru par un courant I_f = **1 A** est dans la cavité (il est placé à **1 cm** au dessus du plan de symétrie horizontal y=0 et sur le plan de symétrie vertical x=0) dont la perméabilité est égale à celle du vide. Il est parallèle aux arrêtes de la cavité.

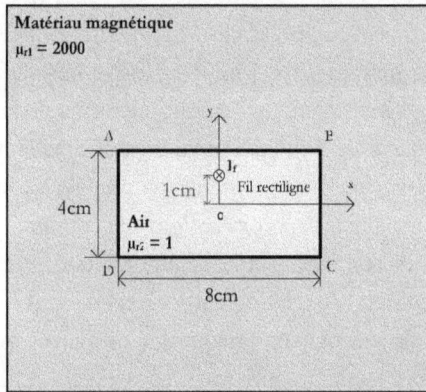

Figure 3-1 : Cavité rectangulaire dans le matériau magnétique

Avant de commencer nos comparaisons, nous avons vérifié que l'imprécision remarquée au chapitre 2 était aussi visible dans le traitement de ce problème simple. Pour cela, nous avons calculé le courant superficiel total en adoptant une discrétisation de plus en plus fine. Il s'avère que, même avec la plus fine d'entre elles, le courant total est encore très loin de sa valeur théorique donnée dans l'annexe 3 ($I_f(\mu_{r1}-\mu_{r2})$ = *1999 A*). Pourtant, la matrice a atteint, pour cette discrétisation, la limite de taille acceptable par un ordinateur commun. Ainsi, comme nous l'espérions, ce dispositif simple permettra des tests significatifs.

Tableau 3-1 : Évolution du courant superficiel total en fonction de la discrétisation.

Taille matrice	120 x 120	600 x 600	3000 x 3000
Courant total (A)	287	660	1182

2.2. Incidence du calcul « au milieu » de l'excitation

Nous abordons maintenant une des deux approximations initialement exploitées : *l'excitation reçue a été identifiée à celle parvenant au milieu de l'élément récepteur.* Cette approximation est exploitée, en premier, pour calculer l'excitation tangentielle *Hft* provenant du fil source. A cette occasion, les éléments étant tous assez loin du fil, l'erreur introduite doit être acceptable. Nous pouvons le savoir en vérifiant le théorème d'Ampère sur le pourtour de la cavité. La circulation de l'excitation doit donner 1 A avec une faible imprécision et, puisque la taille des éléments diminue lorsque la discrétisation augmente, l'erreur doit diminuer aussi.

Ayant remarqué que le calcul analytique de l'excitation moyenne le long d'un segment est facile, nous avons voulu connaître le bénéfice de ce remplacement. Le Tableau 3-2 montre le résultat de ces deux évaluations pour les trois résolutions adoptées. Le calcul approché donne un résultat conforme à nos attentes : il est assez précis et il l'est d'autant plus que la résolution est fine. En revanche, même avec une résolution très grossière, la seconde méthode donne un résultat quasi parfait.

Tableau 3-2 : Vérification du théorème d'Ampère pour deux calculs d'excitation et 3 résolutions.

Taille matrice	120 x 120	600 x 600	3000 x 3000
Th. Ampère milieu	1.000136634	1.000005465	1.000000219
Th. Ampère moyenne	1.000000000000000	0.999999999999998	0.999999999999991

Cela se justifie aisément comme suit. D'abord, puisque *Ht* est par définition partout parallèle à *dl* et que chaque coin forme les extrémités de deux éléments, les directions de ces deux vecteurs sont constantes sur toute la longueur d'un élément. Le produit scalaire peut être remplacé par un produit algébrique. Ensuite, en revenant à la définition de la moyenne sur le trajet qui va du point T_i au point suivant T_{i+1}, la circulation s'exprime en additionnant les contributions des *N* parties du parcours fermé *P*. Il s'avère que, pour la totalité du parcours, la valeur obtenue est exacte, quel que soit le nombre de tronçons composant ce parcours. En outre, cette conclusion reste valable quelle que soit la répartition du courant source à l'intérieur du parcours.

$$\oint_P \vec{H}\,\vec{dl} = \oint_P H t dl = \sum_{i=1}^{N} \left(\frac{1}{dl_i} \int_{T_i}^{T_{i+1}} H t dl \right) dl_i = \sum_{i=1}^{N} \int_{T_i}^{T_{i+1}} H t dl \qquad (3\text{-}1)$$

Étant donné le bénéfice constaté ici, nous nous devons d'évaluer l'impact de cette modification sur le calcul de *V*, puisque c'est à ce niveau que cette approximation initiale doit être la plus néfaste. Les résultats présentés dans le Tableau 3-3 mettent en évidence l'incidence de cette transformation sur le courant superficiel total. Soulignons que le courant source est toujours concentré au milieu de l'élément émetteur.

Tableau 3-3 : Amélioration apportée par le calcul plus fin de l'excitation tangentielle.

Taille matrice	120 x 120	600 x 600	3000 x 3000
K et *H* au milieu			
Courant total	287.378092	660.340096	1181.792783
K au milieu et *H* moyen			
Courant total	1999.273132	1999.010925	1999.000437

L'amélioration apportée par ce nouveau calcul de l'excitation tangentielle est spectaculaire : le courant total calculé est très proche sa valeur théorique (*1999 A*). Le résultat n'est pas parfait mais, lorsque la discrétisation est fine, la précision obtenue est déjà tout à fait exploitable.

Nous rencontrons ici le courant superficiel total dont la valeur théorique est calculée dans l'annexe 3. Mais ici, nous avons une autre façon pour mettre en évidence ce courant grâce au calcul d'une circulation de l'excitation tangentielle. Revenons à l'une des équations fondamentales de la méthode µPEEC et calculons les circulations de ses trois termes sur le contour de la fenêtre.

$$\oint_P \overrightarrow{Ht}\overrightarrow{dl} = \oint_P \overrightarrow{Hft}\overrightarrow{dl} + \oint_P \overrightarrow{Hst}\overrightarrow{dl} \qquad \text{où} \qquad Ht = \frac{1}{2}\frac{\mu_{r1}+\mu_{r2}}{\mu_{r1}-\mu_{r2}}K \qquad (3\text{-}2)$$

La circulation de *Hs* est facile à évaluer. En effet, dans un système 2D, si un courant élémentaire de valeur *K* circule sur la surface latérale d'une cavité dont l'empreinte est *P,* sa contribution à la circulation de *H* le long de *P* est *K/2*. Il en va de même pour tous les éléments de courants que comprend cette surface latérale si aucun courant fini ne circule sur une arrête, de largeur nulle, de la cavité. En conséquence, cette circulation totale est simplement égale à $I_s/2$ (I_s est le courant superficiel total). D'autre part, compte tenu du lien qui existe entre *Ht* et *K*, la circulation du membre de gauche vaut $\frac{1}{2}\frac{\mu_{r1}+\mu_{r2}}{\mu_{r1}-\mu_{r2}}I_s$. Notons au passage que cette égalité s'établit en appliquant le théorème d'Ampère à un élément unique. Finalement, l'équation qui lie les circulations donne :

$$\frac{1}{2}\frac{\mu_{r1}+\mu_{r2}}{\mu_{r1}-\mu_{r2}}Is = \mu_{r2}I_f + \frac{I_s}{2} \qquad \rightarrow \qquad I_s = (\mu_{r1}-\mu_{r2})I_f \qquad (3\text{-}3)$$

La valeur ainsi trouvée pour I_s est exacte.

2.3. Incidence de la concentration au centre du courant

Au paragraphe précédent, nous avons renoncé à l'une de nos deux hypothèses simplificatrices. Nous allons voir maintenant s'il est utile d'éviter la seconde. Dans un premier temps, nous répartissons le courant, jusqu'ici localisé au milieu de l'élément, de manière uniforme, sur toute la largeur de l'élément. Pour tester cette hypothèse, il est intéressant de revenir à la circulation de *Ht* pour avoir le courant superficiel total.

Tableau 3-4 : Courant superficiel total fonction des approximations utilisées et de la discrétisation

Taille matrice	120 x 120	600 x 600	3000 x 3000
K au milieu et *H* moyen			
Courant total	1999.273131991	1999.010925263	1999.000436992
K et *H* moyens			
Courant total	1999.000000002	1999.000000024	1998.999999973

Ainsi, cet étalement du courant conduit, quelle que soit la discrétisation choisie, à une meilleure précision que sa concentration au milieu de l'élément et le gain en précision est d'autant plus important que la résolution est modeste.

2.4. Conclusion

De ces tests, il ressort que l'étalement du courant dans un élément et le calcul de l'excitation tangentielle moyenne le long d'un élément nous donnent, contrairement aux approximations initiales, accès à une précision tout à fait acceptable. En conséquence, nous allons modifier notre formulation en remplaçant les courants ponctuels par des densités de courant surfaciques uniformes sur chaque élément émetteur et en calculant l'excitation tangentielle moyenne sur la largeur de chaque élément récepteur. Cette nouvelle formulation sera ensuite confrontée à des résultats de simulation FLUX2D afin de valider cette approche.

3. NOUVELLE FORMULATION POUR µPEEC : µPEEC UNIFORME

Nous avons vu dans les chapitres précédents que tout matériau magnétique isolant pouvait être représenté par un ensemble de courants superficiels. Pour discrétiser ces courants nous avions choisi de les représenter par des éléments discrets parcourus par un courant ponctuel et nous avons pu constater les limites de cette représentation pour certaines géométries. Afin d'améliorer cette représentation nous allons, dans ce chapitre, évaluer l'impact d'une discrétisation pour laquelle chaque élément sera supposé traversé par une densité de courant uniforme Figure 3-2.

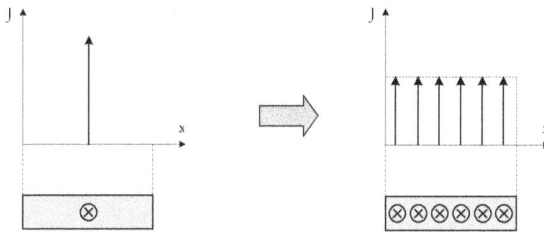

Figure 3-2 : Courant ponctuel (à gauche) et répartition homogène (à droite) de la densité de courant sur un élément de surface

Ce changement de représentation va influer sur les formulations de la matrice *V*, du vecteur *Hft* et du potentiel vecteur *A*. En revanche, l'algorithme de la méthode µPEEC (Figure 1-5) restera inchangé. Dans la suite nous allons donc nous attacher à établir les nouvelles formules pour *V*, *Hft* et *A*.

En considérant une répartition uniforme du courant sur un élément nous pouvons calculer :

- L'excitation produite par un élément de longueur finie

- La moyenne de cette excitation le long d'un autre élément (hsmoy) ainsi que la moyenne de l'excitation créée par le fil source le long d'un élément (hfmoy).

- Le potentiel créé par un élément de longueur finie.

Les deux premiers points permettent de remplacer, dans la matrice V, les expressions donnant l'excitation appliquée sur un fil par un autre. Le reste demeure inchangé et, après inversion de la matrice, il est possible de calculer la densité du courant superficiel si l'excitation du fil source a été

91

évaluée conformément à la préconisation du point 2 (moyenne sur la largeur de l'élément). Enfin, le résultat du point 3 permet, dès que la densité de courant superficielle est connue, de calculer le potentiel vecteur de l'ensemble du système.

3.1. Calculs des excitations émises

Les excitations émises sont calculées en considérant que la densité de courant est uniforme sur la largeur d'un l'élément. Calculons l'excitation créée par un élément **j** dont les coordonnées de son centre sont **(x_j, y_j)** sur un point **i de coordonnées (x_i, y_i)**. Comme dans le chapitre précédent, deux cas seront considérés selon que l'élément émetteur est horizontal ou vertical.

3.1.1. Excitation créée par un élément horizontal j

La Figure 3-3 présente l'excitation créée par un élément horizontal **j** de densité de courant J_j uniformément répartie sur sa largeur L_j, sur un point **i** du domaine. Calculons les deux composantes **Htx$_i$** et **Hty$_i$** de l'excitation.

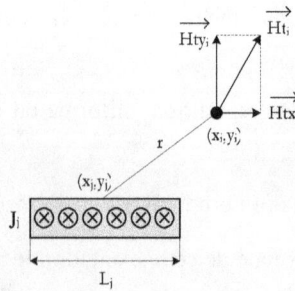

Figure 3-3 : Excitation créée par un élément horizontal j sur un point i

a) Composante Htx$_i$

A partir de la formule (3-4) de l'excitation horizontale créée par un courant ponctuel J_j :

$$Htx_i = \frac{J_j}{2\pi} \frac{y_i - y_j}{\left(x_i - x_j\right)^2 + \left(y_i - y_j\right)^2} \tag{3-4}$$

On déduit la formule de l'excitation horizontale créée par l'élément **j** de largeur **L_j** ayant la densité de courant **J_j** uniforme sur sa largeur :

$$Htx_i = \frac{J_j}{2\pi} \int_{x_j - \frac{L_j}{2}}^{x_j + \frac{L_j}{2}} \frac{y_i - y_j}{\left(x_i - x_j\right)^2 + \left(y_i - y_j\right)^2} \, dx_j \tag{3-5}$$

Cette intégrale peut se calculer aisément et l'expression de **Htx_i** prend alors la forme finale :

$$Htx_i = \frac{J_j}{2\pi} \left[\arctan\left(\frac{c + de}{d}\right) - \arctan\left(\frac{c - de}{d}\right) \right] \tag{3-6}$$

Avec : $c = x_i - x_j$; $d = y_i - y_j$; $de = \frac{L_j}{2}$ et $dr = \frac{L_i}{2}$.

Ces changements de variables seront conservés dans tous les calculs qui vont suivre.

L'expression (3-6) représente l'excitation créée par un élément de largeur **L_j**. Il est possible de vérifier simplement cette expression. En effet, si l'on fait tendre la largeur Lj vers zéro on retrouve alors l'expression de l'excitation créée par un courant ponctuel (3-4).

$$\lim_{de \to 0} \left\{ \frac{J_j}{2\pi.2de} \left[\arctan\left(\frac{c + de}{d}\right) - \arctan\left(\frac{c - de}{d}\right) \right] \right\} = \frac{J_j}{2\pi} \frac{d}{c^2 + d^2}$$

b) Composante Hty_i

De la même façon, pour le calcul de la composant **Hty_i**, on a part de l'expression de l'excitation sur y créée par un courant ponctuel **J_j** :

$$Hty_i = -\frac{J_j}{2\pi} \frac{x_i - x_j}{\left(x_i - x_j\right)^2 + \left(y_i - y_j\right)^2} \tag{3-7}$$

Par intégration sur l'élément **j** de largeur **L_j** traversé par une densité de courant $\mathbf{J_j}$ uniforme comme le montre l'expression (3-7) on obtient, en (3-8) l'expression du champ $\mathbf{Hty_i}$.

$$Hty_i = -\frac{J_j}{2\pi} \int_{x_j-\frac{L_j}{2}}^{x_j+\frac{L_j}{2}} \frac{x_i - x_j}{(x_i - x_j)^2 + (y_i - y_j)^2} \, dx_j \tag{3-8}$$

$$Hty_i = \frac{J_j}{4\pi} \ln\left[\frac{(c-de)^2 + d^2}{(c+de)^2 + d^2}\right] \tag{3-9}$$

3.1.2. Excitation créée par un élément vertical j

Lorsque l'élément **j** est vertical, la méthode de calcul est identique et les résultats peuvent se déduire facilement des expressions précédentes :

$$Htx_i = \frac{J_j}{2\pi} \int_{y_j-\frac{L_j}{2}}^{y_j+\frac{L_j}{2}} \frac{y_i - y_j}{(x_i - x_j)^2 + (y_i - y_j)^2} \, dy_j = -\frac{J_j}{4\pi} \ln\left[\frac{(d-de)^2 + c^2}{(d+de)^2 + c^2}\right] \tag{3-10}$$

$$Hty_i = -\frac{J_j}{2\pi} \int_{y_j-\frac{L_j}{2}}^{y_j+\frac{L_j}{2}} \frac{x_i - x_j}{(x_i - x_j)^2 + (y_i - y_j)^2} \, dy_j = -\frac{J_j}{2\pi}\left[\arctan\left(\frac{d+de}{c}\right) - \arctan\left(\frac{d-de}{c}\right)\right] \tag{3-11}$$

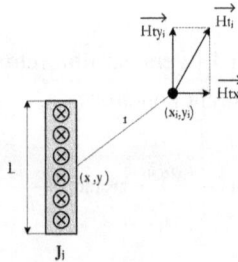

Figure 3-4 : Excitation créée par l'élément vertical j sur un point i

Ces relations améliorent la précision du champ émis par un élément. Elles doivent être complétées par le calcul de la moyenne, sur sa longueur, de l'excitation reçu par un élément. Ces expressions sont établies ci-dessous.

3.2. Calculs des excitations moyennes reçues

Maintenant que les excitations émises sont connues, la deuxième étape de calcul consiste en la recherche de la moyenne de ces excitations le long d'un élément recevant le champ. Les calculs suivants présentent la moyenne de l'excitation créée par le $j^{ème}$ élément sur le $i^{ème}$ élément. Ces calculs nous permettent de trouver, pour la matrice V, les expressions donnant l'excitation tangentielle appliquée à un élément par un autre. Ces expressions dépendent des directions respectives de l'élément émetteur et de l'élément récepteur. Afin de simplifier ces expressions nous ne considérons que quatre cas dans lesquels l'élément j et l'élément i sont soit horizontaux soit verticaux.

3.2.1. Moyenne de l'excitation créée par un élément horizontal j

a) Elément récepteur i horizontal

La Figure 3-5 montre l'excitation tangentielle créée par un élément horizontal **j** ayant la densité de courant $\mathbf{J_j}$ uniformément repartie sur sa largeur, sur un élément horizontal **i**, dont $(\mathbf{x_j,y_j})$ et $(\mathbf{x_i,y_i})$ définissent leurs milieux et $\mathbf{L_j}$ et $\mathbf{L_i}$ leurs largeurs.

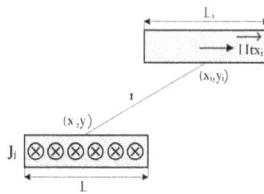

Figure 3-5 : Excitation tangentielle créée par un élément horizontal j sur un élément horizontal i

En reprenant la définition de la valeur moyenne on obtient pour **Htx$_i$** l'expression suivante :

$$Htx_i = \frac{1}{2dr}\int_{x_i-dr}^{x_i+dr}\frac{J_j}{2\pi}\left[\arctan\left(\frac{x_i-x_j+de}{d}\right)-\arctan\left(\frac{x_i-x_j-de}{d}\right)\right]dx_i \qquad (3\text{-}12)$$

Cette expression peut-être simplifiée comme suit moyennant le

95

changement de variable donné ci-dessous :

$$Htx_i = -\frac{J_j}{8\pi.dr}\left[d.\ln\left(\frac{q^2+d^2}{p^2+d^2}\frac{r^2+d^2}{s^2+d^2}\right)+2\left(p.\arctan\left(\frac{p}{d}\right)-q.\arctan\left(\frac{q}{d}\right)-r.\arctan\left(\frac{r}{d}\right)+s.\arctan\left(\frac{s}{d}\right)\right)\right] \quad \text{(3-13)}$$

Avec $p=c-de+dr$; $q=c-de-dr$; $r=c+de+dr$; $s=c+de-dr$

Pour vérifier la formule (3-13), exprimons la limite de celle-ci quand la largeur de l'élément **i** tend vers zéro (***dr dans la formule (3-13) tend vers zéro***), on trouve bien la formule de l'excitation créée sur un point (3-6) :

$$\lim_{dr\to 0}\left\{-\frac{J_j}{8\pi.dr}\left[d.\ln\left(\frac{q^2+d^2}{p^2+d^2}\frac{r^2+d^2}{s^2+d^2}\right)+2\left(p.\arctan\left(\frac{p}{d}\right)-q.\arctan\left(\frac{q}{d}\right)-r.\arctan\left(\frac{r}{d}\right)+s.\arctan\left(\frac{s}{d}\right)\right)\right]\right\}$$
$$=\frac{J_j}{2\pi}\left[\arctan\left(\frac{c+de}{d}\right)-\arctan\left(\frac{c-de}{d}\right)\right]$$

b) Elément récepteur i vertical

Cherchons maintenant l'excitation moyenne reçue par le **i**[ème] élément vertical (Figure 3-6)

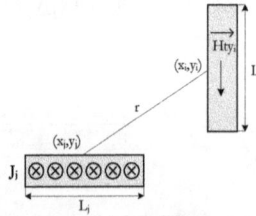

Figure 3-6 : Excitation tangentielle créée par un élément horizontal j sur un élément vertical i

En reprenant l'expression du champ local (3-9), on obtient :

$$Hty_i = \frac{1}{2dr}\int_{y_i-dr}^{y_i+dr}\frac{J_j}{4\pi}\left\{\ln\left[(c-de)^2+(y_i-y_j)^2\right]-\ln\left[(c+de)^2+(y_i-y_j)^2\right]\right\}dy_i \quad \text{(3-14)}$$

Cette intégrale est calculée en faisant le changement de variable ci-dessous et la moyenne de l'excitation prend la forme finale :

$$Hty_i = -\frac{J_j}{8\pi.dr}\left[r.\ln\left(\frac{p^2+r^2}{q^2+r^2}\right)-s.\ln\left(\frac{p^2+s^2}{q^2+s^2}\right)-2p\left(\arctan\left(\frac{p}{r}\right)-\arctan\left(\frac{p}{s}\right)\right)+2q\left(\arctan\left(\frac{q}{r}\right)-\arctan\left(\frac{q}{s}\right)\right)\right] \quad \text{(3-15)}$$

Dans laquelle : $p = c + de$; $q = c - de$; $r = d + dr$; $s = d - dr$

3.2.2. Moyenne de l'excitation créée par l'élément vertical j

Les calculs sont similaires lorsque l'élément d'excitation est vertical. Les expressions ci-dessous sont données pour les 2 directions de l'élément récepteur.

a) Elément récepteur i horizontal

La moyenne de l'excitation tangentielle créée par le $j^{ème}$ élément vertical sur le $i^{ème}$ élément horizontal (Figure 3-7) est calculée comme précédemment. On obtient finalement :

$$Htx_i = \frac{J_j}{8\pi.dr}\left[r.\ln\left(\frac{p^2 + r^2}{q^2 + r^2}\right) - s.\ln\left(\frac{p^2 + s^2}{q^2 + s^2}\right) - 2p\left(\arctan\left(\frac{p}{r}\right) - \arctan\left(\frac{p}{s}\right)\right) + 2q\left(\arctan\left(\frac{q}{r}\right) - \arctan\left(\frac{q}{s}\right)\right)\right] \quad \text{(3-16)}$$

Avec : $p = d + de$; $q = d - de$; $r = c + dr$; $s = c - dr$

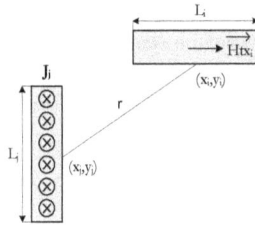

Figure 3-7 : Excitation tangentielle créée par un élément vertical j sur un élément horizontal i

b) Elément récepteur i vertical

$$Hty_i = \frac{J_j}{8\pi.dr}\left[c.\ln\left(\frac{q^2 + c^2}{p^2 + c^2}\frac{r^2 + c^2}{s^2 + c^2}\right) + 2\left(p.\arctan\left(\frac{p}{c}\right) - q.\arctan\left(\frac{q}{c}\right) - r.\arctan\left(\frac{r}{c}\right) + s.\arctan\left(\frac{s}{c}\right)\right)\right] \quad \text{(3-17)}$$

Avec : $p = d - de + dr$; $q = d - de - dr$; $r = d + de + dr$; $s = d + de - dr$

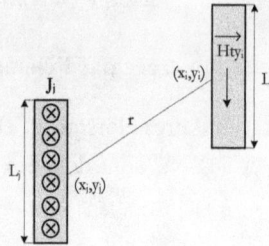

Figure 3-8 : Excitation tangentielle créée par un élément vertical j sur un élément vertical i

3.2.3. Moyenne sur un élément de l'excitation créée par un fil

Afin de compléter ces formulations il est nécessaire de calculer l'excitation moyenne crée par un fil conducteur parcouru par un courant I_f sur un élément de largeur L_i. Pour cela il suffit d'exprimer la valeur moyenne du champ tangentiel en repartant des expressions (3-4) et (3-7). Les expressions obtenues sont résumées Tableau 1-1.

Tableau 3-5 : Moyenne sur un élément de l'excitation créée par un fil

	$$Hfx_i = -\frac{I_f}{4\pi dr}\left[\arctan\left(\frac{x_i - x_f + dr}{y_i - y_f}\right) - \arctan\left(\frac{x_i - x_f - dr}{y_i - y_f}\right)\right] \quad (3\text{-}18)$$
	$$Hfy_i = \frac{I_f}{4\pi dr}\left[\arctan\left(\frac{y_i - y_f + dr}{x_i - x_f}\right) - \arctan\left(\frac{y_i - y_f - dr}{x_i - x_f}\right)\right] \quad (3\text{-}19)$$

3.3. Calculs du potentiel vecteur créé par un élément

Pour évaluer le potentiel vecteur (ou l'induction) créé par un élément de largeur $L_j = 2de$ et parcouru par un courant J_j uniforme, nous repartons du théorème de Biot et Savard et nous effectuons l'intégrale sur la largeur de l'élément.

Pour un élément horizontal cette expression est

$$A(x, y) = -\frac{\mu_0}{4\pi} J_j \int_{x_j-de}^{x_j+de} \ln[(x-x_j)^2 + (y-y_j)^2] dx_j \qquad (3-20)$$

Après l'intégration, nous obtenons :

$$A(x, y) = -\frac{\mu_0}{4\pi} J_j \left[\begin{array}{c} p.\ln\left[\frac{(p+de)^2+q^2}{(p-de)^2+q^2}\right] + de.\left[\ln\{[(p+de)^2+q^2][(p-de)^2+q^2]\}-4\right]- \\ 2q\left(\arctan\left(\frac{p-de}{q}\right) - \arctan\left(\frac{p+de}{q}\right)\right) \end{array} \right] \qquad (3-21)$$

Avec : $p = x_j - x$; $q = y - y_j$

Pour un élément vertical, l'expression est identique en remplaçant $p = y - y_j$; $q = x_j - x$. Toutes les expressions utiles étant maintenant établies nous allons mettre en œuvre cette nouvelle formulation de μPEEC dans les configurations géométriques ayant posé problème au chapitre 2.

4. MISE EN ŒUVRE DE LA FORMULATION μPEEC UNIFORME ET VALIDATION

Afin de vérifier l'intérêt de cette nouvelle formulation, nous allons la mettre en œuvre sur les structures ayant posé des problèmes lors du chapitre 2, à savoir, la cavité rectangulaire ou le circuit magnétique d'un transformateur. Dans cette partie nous identifierons quelques indicateurs de la performance de cette formulation comme la somme des courants de surface ou l'énergie stockée.

4.1. Cavité rectangulaire dans le matériau magnétique

Le premier dispositif sur lequel nous allons évaluer cette nouvelle formulation est celui déjà présenté Figure 3-1.

4.1.1. Incidence sur les lignes équipotentielles

Les lignes équipotentielles issues de la méthode μPEEC sont présentées dans la Figure 2-1. A gauche la formulation μPEEC ponctuelle, à droite l'uniforme. Toutes les deux présentent une allure crédible et presque identique : les lignes de flux sont, comme il se doit pour une forte perméabilité, bien canalisées dans le matériau magnétique. Ceci explique pourquoi, dans le chapitre 1 nous n'avions pas décelé de problème.

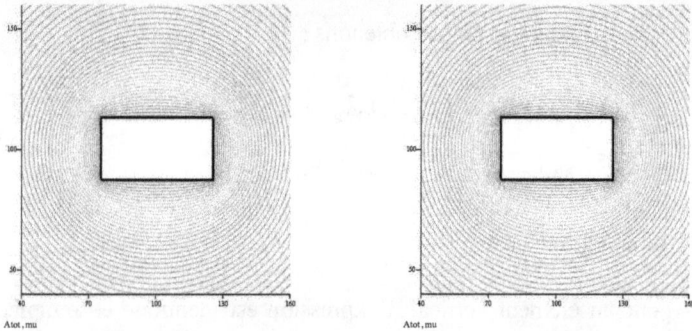

Figure 3-9 : Equipotentielles déduites de μPEEC pour la formulation ponctuelle (à gauche) et la formulation uniforme (à droite)

Pour visualiser le problème rencontré dans le chapitre 2 et montrer les améliorations venant de la formulation μPEEC uniforme, nous allons étudier la densité de courant superficiel et l'induction calculées sur un chemin de test.

4.1.2. Densité de courant superficiel

La densité de courant superficiel est calculée en suivant le parcours D-A-B-C-D de la Figure 3-1.

Le Tableau 3-6 nous donne la somme des courants superficiels calculés par la formulation μPEEC ponctuelle, par l'uniforme et par FLUX2D. **Au cours de ces calculs, 300 éléments de discrétisations sont utilisés (la taille d'un élément est de 0.8 mm).** Afin de comparer les résultats, la même discrétisation a été appliquée dans toutes les simulations μPEEC et FLUX2D à savoir une discrétisation uniforme des côtés de la cavité, avec une taille d'élément égale à 0.8 mm. Il est à noter, que pour

100

cette simulation, FLUX2D a utilisé 75300 nœuds de maillage car FLUX2D ne maille pas seulement les côtés de la cavité mais aussi le matériau magnétique et l'air. Ce nombre de nœuds est à comparer avec les 300 éléments qu'a nécessité le calcul μPEEC.

On constate que la valeur donnée par le calcul μPEEC uniforme est identique à celle donnée par le calcul théorique (1999 A), tandis que FLUX2D donne une valeur légèrement plus petite. En revanche, le calcul par la formulation μPEEC ponctuelle donne une valeur de 4.22 fois plus petite soit 473.5 A. Ce résultat est conforme avec ce qui avait été signalé en introduction de ce chapitre.

Tableau 3-6 : Somme des courants superficiels donnés par trois calculs μPEEC ponctuelle, μPEEC uniforme et FLUX2D

	μPEEC ponctuelle	μPEEC uniforme	FLUX2D
Somme des courants superficiels (A)	473.5	1999	1972
Écart relatif entre μPEEC uniforme et FLUX2D		1.35 %	

Afin, d'une part, de localiser les erreurs réalisées par la méthode μPEEC ponctuelle sur la valeur de la densité surfacique de courant et, d'autre part de vérifier la pertinence de la formulation uniforme, nous avons tracé les densités de courant sur le parcours D-A-B-C-D de la cavité obtenue par les 2 formulations μPEEC et celle estimée par FLUX2D. La Figure 3-10 présente le tracé de ces trois densités de courant et montre le très bon accord entre μPEEC uniforme et FLUX2D.

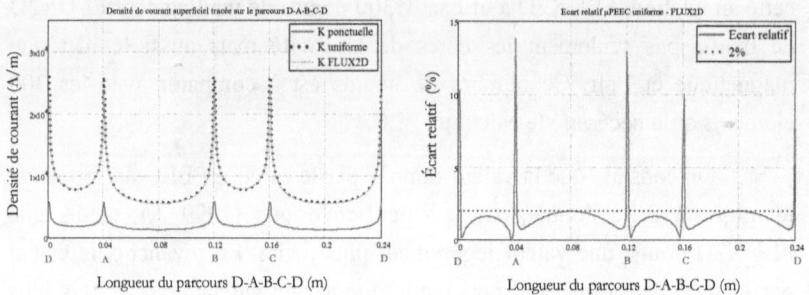

a - *Densité de courant donnée par les trois simulations*

b – *Écart relatif entre μPEEC uniforme et FLUX2D*

Figure 3-10 : Comparaison des densités de courant superficiel pour 300 éléments

Afin de vérifier le bon accord entre la formulation μPEEC uniforme et FLUX2D nous avons tracé Figure 3-10-b l'écart relatif entre ces deux courbes. On peut constater que cet écart est en général inférieur à 2% et peut atteindre 10% dans les angles. Toutefois il n'y pas lieu de s'alarmer de cette erreur car elle reste très localisée dans les angles. En effet, seuls les densités de courant des premiers éléments d'angle de la discrétisation μPEEC et FLUX2D présentent cette différence. Cela peut être du à un maillage trop grand dans les angles pour FLUX2D ou à la difficulté d'obtenir la densité de courant équivalente dans FLUX2D toujours pour ces angles. Rappelons que celle-ci est déduite de l'écart entre l'induction tangentielle des deux côtés de la surface. La sensibilité de la distance du point de calcul à la surface peut alors conduire à des erreurs du calcul.

4.1.3. Etude de l'induction

Nous allons maintenant comparer les inductions obtenues à l'aide de μPEEC à celles trouvées par FLUX2D. Plus précisément, nous comparons les deux composantes de l'induction mesurables sur le chemin de test défini par la Figure 3-11.

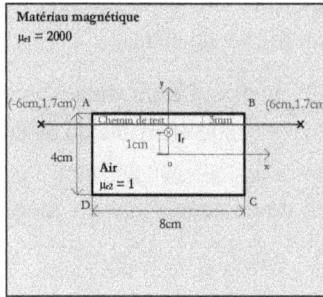

Figure 3-11 : Chemin de test pour l'étude de l'induction

La Figure 3-12 montre les deux composantes de l'induction tracées sur le chemin de test à l'aide des trois calculs µPEEC ponctuel, µPEEC uniforme et FLUX2D. La composante tangentielle (Bx) est présentée dans la figure de gauche et la composante normale (By) dans la figure de droite. Ici aussi, nous trouvons une très bonne concordance entre les courbes calculées par µPEEC uniforme et celles trouvées par FLUX2D. En revanche, l'induction calculée par µPEEC ponctuelle est sous-évaluée : ses deux composantes sont plus faible dans un rapport 4.22 quasiment constant quel que soit le point d'observation ! Cette constance explique pourquoi l'allure des équipotentielles dans la Figure 3-9 était crédible : seule leurs valeurs auraient pu nous alerter.

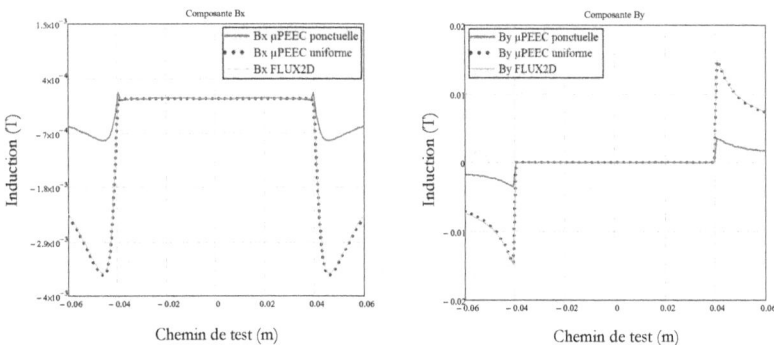

Figure 3-12 : Comparaison des inductions tangentielles et normales

Pour obtenir une vue plus précise sur l'écart entre notre méthode µPEEC uniforme et FLUX2D, nous allons tracer l'écart relatif du module de l'induction calculé sur le chemin de test.

La Figure 3-13 montre l'écart relatif entre le calcul µPEEC uniforme (en utilisant 300 et 1800 éléments de discrétisation) et le résultat donné par FLUX2D. Sur la figure à gauche, nous avons une vue globale sur les écarts et sur celle de droite nous avons un zoom sur la partie basse de cette courbe.

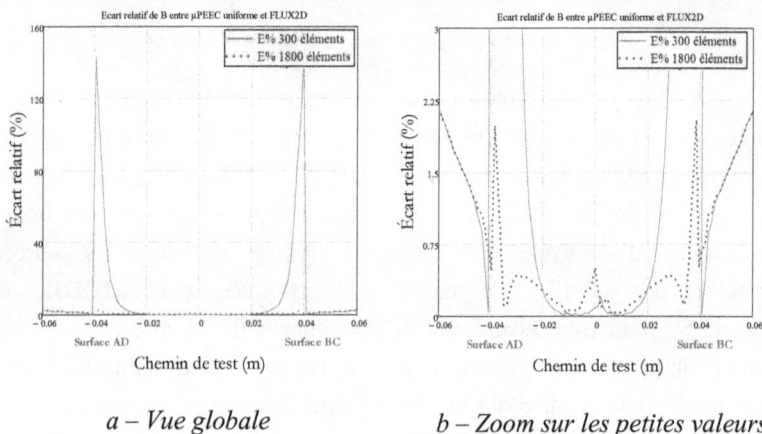

a – Vue globale   *b – Zoom sur les petites valeurs*

Figure 3-13 : Ecart relatif du module de l'induction entre FLUX2D et deux simulations µPEEC uniforme de 300 et 1800 éléments de surfaces

On constate que l'écart est faible (< 2%) quasiment partout sauf pour quelques points proche des surfaces AD et BC (les positions -0.04 et 0.04 des abscisses des courbes d'erreur). Plus on s'approche de la surface, plus cet écart est important, pouvant atteindre 140% pour une discrétisation à 300 points. Toutefois cette erreur est très sensible à la discrétisation et l'on peut constater, toujours sur la Figure 3-13-b que cette erreur tombe à 2% pour une discrétisation à 1800 points. Pour expliquer cet écart nous avons cherché à mettre en évidence l'évolution de la densité de courant à proximité d'un angle parce que dans le calcul µPEEC, l'induction est déduite directement de la densité de courant. Ici, nous avons choisi une distance de 4mm partant du coin A pour étudier la densité de courant. Le chemin de test défini est donc bien placé dans ce domaine d'étude (Figure

3-14).

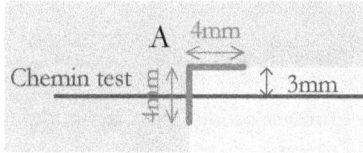

Figure 3-14 : Zoom sur le coin A pour l'étude de la densité de courant

La Figure 3-15 présente la densité de courant superficiel tracée sur une distance de 4 mm partant du coin A. La figure à gauche montre la densité tracée sur la surface AD et la figure à droite, la densité sur la surface AB. Sur ces deux surfaces on peut constater le même comportement. En effet l'effet de la discrétisation joue directement sur l'amplitude que peut prendre le courant surfacique et pas simplement sur sa résolution. Dès lors, plus la discrétisation sera fine plus la valeur maximale augmentera. Cela était prévisible car, théoriquement, cette valeur est sensé tendre vers l'infini.

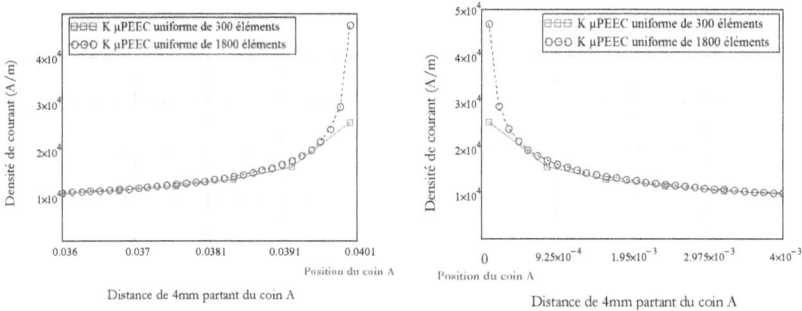

a – Densité de courant sur AD jusqu'à 4mm en partant du coin A   *b – Densité de courant sur AB jusqu'à 4mm en partant du coin A*

Figure 3-15 : Evolution de la densité de courant superficiel dans la distance de 4mm partant du coin A pour deux simulations μPEEC uniforme de 300 et 1800 éléments de surfaces

Afin de compléter cette comparaison nous allons maintenant nous intéresser à une géométrie plus concrète, à savoir celle d'un circuit magnétique de transformateur. Nous en profiterons pour évaluer l'énergie stockée dans ce système sous l'effet du courant conduit par deux fils inducteurs représentant une spire. Nous accèderons ainsi à l'inductance spécifique du circuit.

4.2. Fenêtre de transformateur

La Figure 3-16 présente le circuit magnétique d'un transformateur, de dimensions **8 x 4 cm** et d'épaisseur **1 cm**, dont perméabilité relative est égale à **2000**. Le fil aller, rectiligne, parcouru par le courant $I_{f1} = 1$ **A,** est placé d'un côté d'une des jambes verticales du noyau magnétique au point de coordonnées (**6.5 cm, 0**) et le fil retour, lui aussi rectiligne, parcouru par un courant $I_{f2} = -1$ **A** est situé, quant a lui, de l'autre côté de la même jambe (**8.5 cm, 0**).

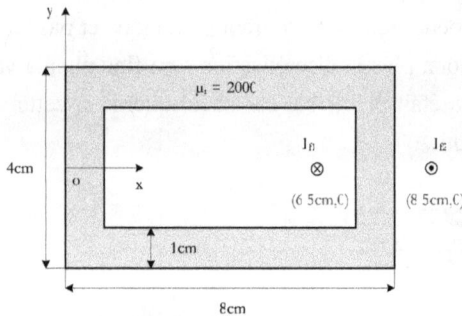

Figure 3-16 : Fenêtre du transformateur et les deux fils rectilignes d'excitation.

4.2.1. Etude des lignes équipotentielles

Les lignes équipotentielles calculées par la méthode μPEEC sont présentées à la Figure 3-17. La figure de gauche correspond à la formulation μPEEC ponctuelle, celle de droite correspond à la formulation μPEEC uniforme. Comme précédemment, on constate que les deux figures sont quasiment identique et présentent toutes les deux une allure crédible : les lignes de flux sont bien canalisées dans le matériau magnétique. La simple observation des lignes de champ n'est donc pas un critère de validité pertinent.

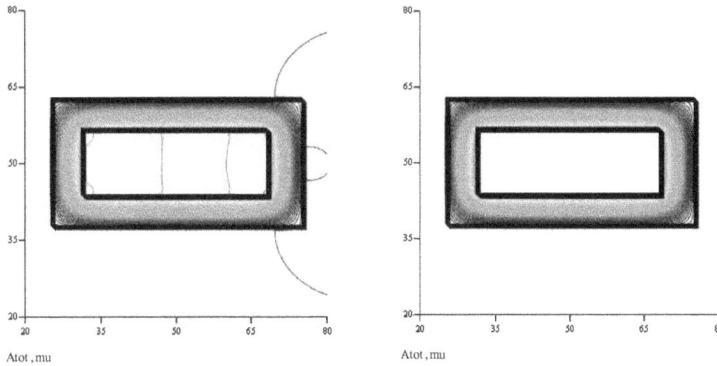

Figure 3-17 : Equipotentielles déduites de μPEEC ponctuelle (à gauche) et uniforme (à droite)

4.2.2. Etude de l'induction

De même que pour la cavité nous pouvons ici vérifier l'induction crée par cet ensemble. Valider l'induction revient de fait à valider la densité de courant aussi nous nous contenterons ici de la première vérification. De même, la formulation uniforme de μPEEC ayant montré se supériorité sur la formulation ponctuelle, nous nous limiterons, dans la suite, à confronter μPEEC uniforme à FLUX2D.

La comparaison se fera en considérant les deux composantes de l'induction sur le chemin présenté sur la Figure 3-18 en respectant toujours les mêmes conditions de maillage entre μPEEC et FLUX2D à savoir **500 éléments de discrétisations sur les surfaces soit une taille d'élément de 0.8 mm.**

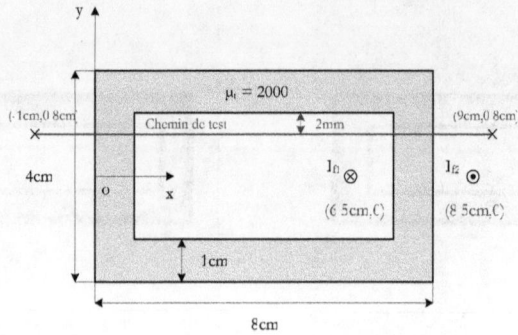

Figure 3-18 : Chemin de test pour l'étude de l'induction

La Figure 3-19 montre deux composantes de l'induction tracées sur le chemin de test à l'aide des deux modélisations µPEEC uniforme et FLUX2D. La composante tangentielle (Bx) est présentée dans la figure de gauche et la composante normale (By) sur la figure de droite. On constate, là aussi, un très bon accord entre les courbes calculées selon notre formulation µPEEC uniforme et celles trouvées par FLUX2D.

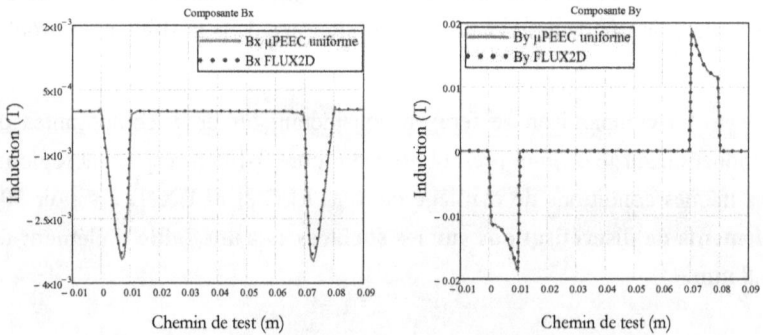

Figure 3-19 : Comparaison des inductions tangentielles et normales

Pour s'assurer de ce résultat la Figure 3-20 présente l'écart relatif entre ces deux modélisations. Tout d'abord avec 500 éléments de discrétisation sur les surfaces puis avec 2000 points.

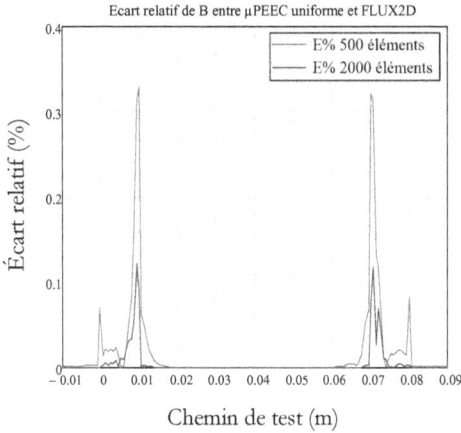

Ecart relatif de B entre μPEEC uniforme et FLUX2D

Figure 3-20 : Ecart relatif sur le module de l'induction entre FLUX2D et deux simulations μPEEC uniforme de 500 et 2000 éléments de surfaces

On constate que l'écart est très faible (< 0.05%) et que son comportement est similaire à celui observé pour la cavité : très faible partout sauf lors du passage des surface du matériau magnétique, intervalle [0 ; 0.01] et [0.07 ; 0.08]. Bien sur, cet écart diminue lorsque la discrétisation augmente. Les causes de ces écarts sont là aussi identiques car fonction de la position du parcours de test et de sa proximité avec les angles du noyau magnétique. En toute objectivité, pour le moment, nous ne savons pas s'il s'agit d'une erreur de μPEEC, de FLUX2D, ou … si les deux sont faux mais presque cohérents !

4.2.3. Etude de l'énergie

L'intégralité des courants présent dans la structure, qu'ils soient inducteurs ou liés à la modélisation, étant maintenant déterminés et validés, il est possible de calculer l'énergie stockée dans ce système. Il est à noter que, dans cette structure, la somme de tous les courants (parallèles à Oz) est nulle. Nous ne devrions pas avoir d'indétermination sur l'évaluation de son énergie.

Le Tableau 3-7 montre l'énergie du système calculée par μPEEC uniforme et par FLUX2D. On voit que l'accord de ces deux simulations est très bon puisque l'écart relatif est d'environ 0.6 à 0.7% selon le niveau de discrétisation. On dispose donc maintenant d'un outil de modélisation performant qui va nous permettre, dans la suite, d'évaluer rapidement l'énergie stockée mais aussi (surtout) l'inductance de systèmes comportant des matériaux ferromagnétiques. Toutefois, si ces résultats sont très encourageants, cette méthode présente encore, localement, quelques difficultés pour évaluer les courants surfaciques prés des angles. Pour affiner un peu plus cette modélisation il faudrait, maintenant, franchir une nouvelle étape et supposer une variation linéaire de la densité de courant dans les éléments de discrétisation et chercher une approximation linéaire de l'excitation reçue.

Tableau 3-7 : Énergie pour une unité de longueur, calculées par les trois simulations

	μPEEC uniforme 500 éléments	μPEEC uniforme 2000 éléments	FLUX2D
Energie (μJ)	70.68	70.60	70.20
Écart relatif entre μPEEC uniforme 500 et FLUX2D	0.69%		
Écart relatif entre μPEEC uniforme 2000 et FLUX2D	0.58%		

5.   INTERPOLATION DE LA DENSITÉ DE COURANT

Afin d'améliorer la reconstitution de la densité de courant superficielle calculée par μPEEC, notamment dans les angles, une première stratégie pourrait être d'augmenter le nombre d'éléments. Pour cela des méthodes de discrétisation linéaire ou logarithmique existent et l'on pourrait montrer ici l'efficacité de telles méthodes qui permettraient d'améliorer les résultats ci-dessus sans pour autant accroître de façon importante le nombre d'éléments et la taille des matrices. Pour s'en persuader nous montrerons comment affiner les éléments critiques prés des angles et l'influence que cela a sur les résultats. Ensuite, nous verrons une nouvelle modélisation utilisant, non plus, une répartition homogène de la densité de courant sur un élément mais une répartition linéaire.

5.1. Loi test de variation de la densité de courant

Afin de comparer différentes méthodes de discrétisation nous allons adopter une loi de variation de la densité de courant représentative de l'évolution de celle-ci dans les angles. Cette méthodologie nous permettra d'éviter de faire un grand nombre de simulation. Pour cela nous supposons que : $K(x) = x^{-\frac{1}{3}}$ et nous rappelons que, jusqu'à maintenant, cette loi serait discrétisée en attribuant, à chaque élément, la densité de courant qui correspond à la moyenne de la loi sur la largeur de l'élément. La Figure 3-21 présente la variation de cette densité de courant test ainsi que l'image de sa discrétisation (où la densité est considérée uniforme sur un élément). Cette comparaison met en évidence les limites de cette discrétisation. En effet, même si dès le 2nd élément en partant de l'angle l'écart entre la loi de référence et la courbe discrétisée parait réduit, il n'en est pas de même pour le premier élément pour lequel cette erreur est importante. Pour améliorer cette discrétisation il peut donc être intéressant d'augmenter le nombre d'éléments lorsque l'on approche de l'angle.

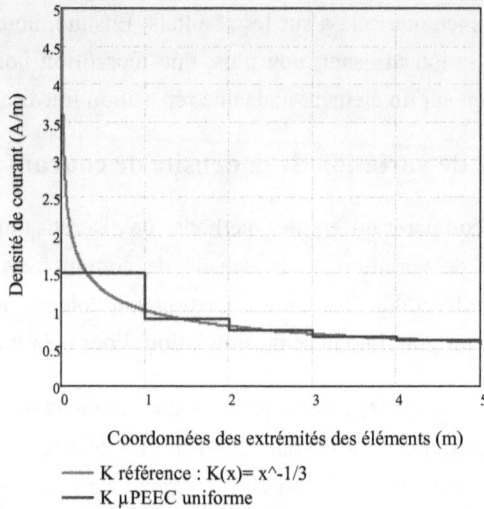

Coordonnées des extrémités des éléments (m)

—— K référence : K(x)= x^-1/3
—— K μPEEC uniforme

Figure 3-21 : Tracé des densités de courants

5.2. Diminution de la largeur des éléments à proximité des angles

Afin d'améliorer la discrétisation à proximité des angles, nous proposons ici de subdiviser le premier élément en 8 segments élémentaires donc la largeur varie exponentiellement. La Figure 3-22 présente cette nouvelle discrétisation.

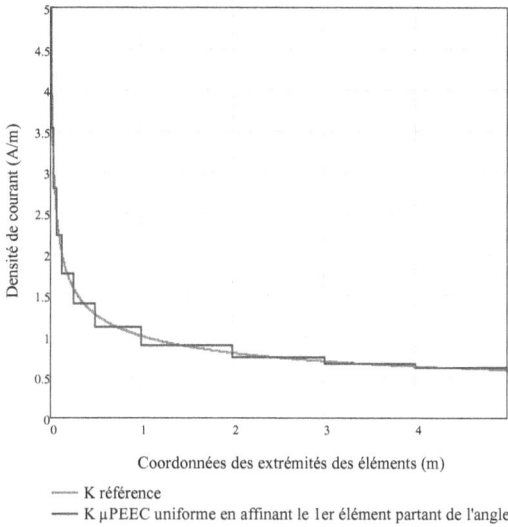

Coordonnées des extrémités des éléments (m)

—— K référence
—— K µPEEC uniforme en affinant le 1er élément partant de l'angle

Figure 3-22 : Tracé des densités de courants en affinement le premier élément

Et les Figure 3-23 a et b montrent l'écart entre la courbe K(x) et sa discrétisation. On voit ici que, en rajoutant que quelques éléments dans les zones sensible une nette amélioration de la discrétisation peut être obtenue.

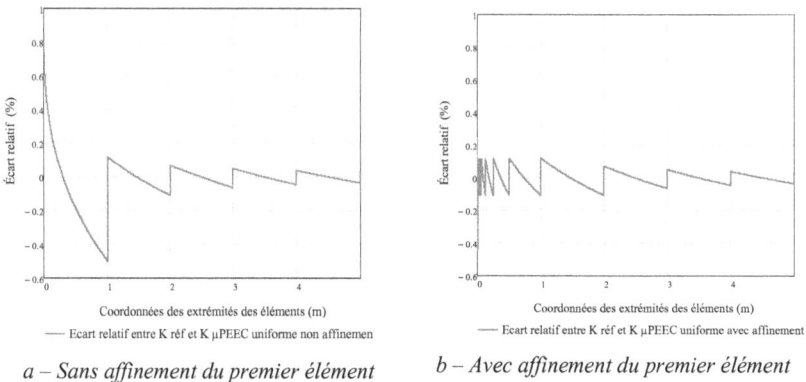

Coordonnées des extrémités des éléments (m)

—— Écart relatif entre K réf et K µPEEC uniforme non affinemen

a – Sans affinement du premier élément

Coordonnées des extrémités des éléments (m)

—— Écart relatif entre K réf et K µPEEC uniforme avec affinement

b – Avec affinement du premier élément

Figure 3-23 : Écart relatif entre K référence et K µPEEC uniforme en marches d'escalier

La Figure 3-23-b montre aussi que l'erreur résiduelle peut s'assimiler à des segments de droites, ce qui nous a donné l'idée d'imaginer un discrétisation pour laquelle le courant n'est plus considéré uniforme sur un élément mais est supposé varier linéairement lorsque l'on se déplace d'une extrémité à l'autre de cet élément.

5.3. Approximation de la densité de courant par segments de droites

Nous tentons ici de suivre la fonction $K(x)$ par des segments de droites définis sur les mêmes intervalles que les marches d'escalier. Sur un intervalle donné $[x_i, x_{i+1}]$, la droite qui suit la courbe est l'interpolation de Lagrange l'ordre 1 donnée par l'expression :

$$K_{Lagrange}(x) = K_L(x_i)\frac{x - x_{i+1}}{x_i - x_{i+1}} + K_L(x_{i+1})\frac{x - x_i}{x_{i+1} - x_i} \qquad \text{(3-22)}$$

Où $K_L(x_i)$ et $K_L(x_{i+1})$ sont les deux valeurs de la fonction $K_{Lagrange}(x)$, calculées aux deux extrémités x_i et x_{i+1} de l'élément.

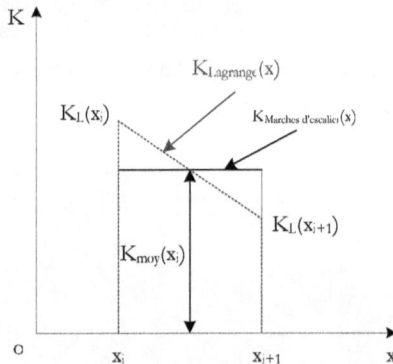

Figure 3-24 : Interpolation de Lagrange l'ordre 1 sur l'intervalle [x_i, x_{i+1}]

La moyenne sur ce segment est conservée si bien que la demi-somme des deux valeurs $K_L(x_i)$ et $K_L(x_{i+1})$ est égale à la moyenne sur ce segment :

$$K_{moy}(x_i) = \frac{1}{2}\left(K_L(x_i) + K_L(x_{i+1})\right) \qquad \text{(3-23)}$$

Loin de l'angle, les segments de droites en interpolation de

Lagrange sont de plus en plus tangentiels à la densité de courant réelle. Donc, nous pouvons prendre la valeur de la densité réelle K(x) au point le plus lointain comme la valeur de la fonction $K_{Lagrange}(x)$ sur ce point.

$$K_L(x_{i+1}) = K(x_{Ne})$$ (3-24)

Avec *Ne*, le nombre d'éléments de largeur. Dans notre cas d'étude : *Ne=10, $x_{10}=10$* donc $K_L(x_{i+1}) = 10^{-1/3}$. Et nous déduisons aisément la valeur de $K_{Lagrange}(x)$ aux autres extrémités des tous les éléments, grâce à l'expression :

$$K_L(x_i) = 2K_{moy}(x_i) - K_L(x_{i+1})$$ avec $i = Ne\text{-}1, Ne\text{-}2, \ldots 0$ (3-25)

Maintenant, nous pouvons établir notre approximation par interpolation de Lagrange sur tous les segments. La nouvelle approximation est tracée sur la Figure 3-25 pour les deux cas : avec l'affinement du 1er élément et sans affinement.

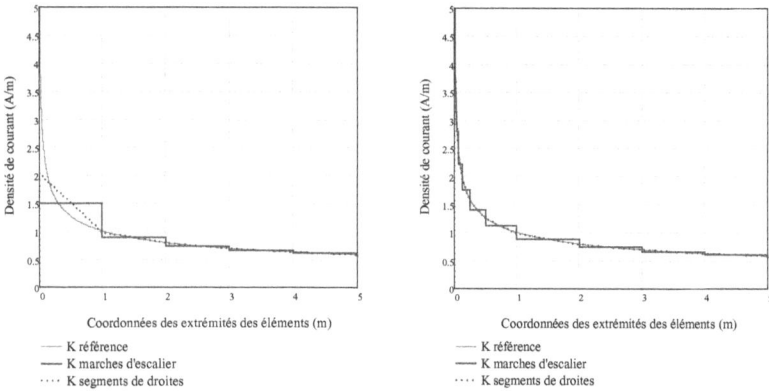

a – Sans affinement du premier élément   *b – Avec affinement du premier élément*

Figure 3-25 : Tracé des densités de courants pour l'approximation en segments de droites comparé avec la densité de référence et la densité en marches d'escalier

L'amélioration apportée par cette nouvelle approximation de densité de courant est spectaculaire, surtout avec un affinement sur le 1er élément (Figure 3-25-b) : notre approximation suit parfaitement la courbe réelle de densité K(x). Pour visualiser la précision de cette approximation, l'écart relatif est tracé sur la Figure 3-26.

L'ordre de l'écart est très faible (< 0.02% quasiment partout). Vers l'angle notre densité de courant construite, avec un affinement du 1er élément, est très proche la densité de référence. Nous constatons que l'approximation par les segments de droites améliore non seulement la densité de courant proche de l'angle, elle donne des améliorations aussi pour les éléments loin de l'angle (l'ordre de l'écart relatif diminue 10 fois plus petit, de 0.2% jusqu'à 0.02% en passant de l'approximation en marches d'escalier à celle en segments de droites)

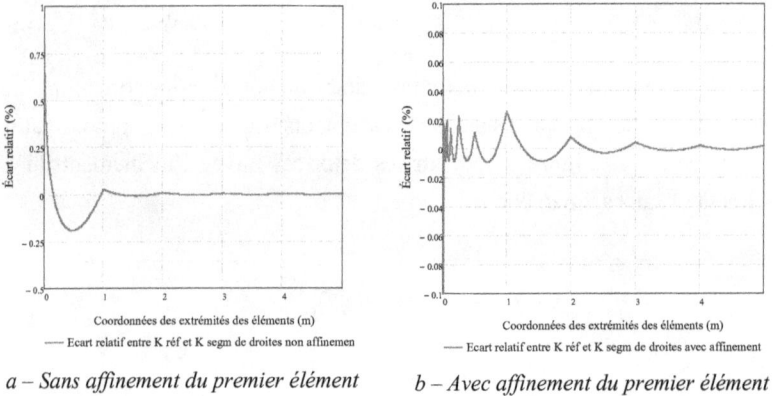

a – Sans affinement du premier élément   *b – Avec affinement du premier élément*

Figure 3-26 : Écart relatif entre K référence et K segments de droites

5.4. Conclusion

Ce qui précède montre qu'il est possible d'améliorer grandement la représentation de la densité de courant superficielle sans pour autant augmenter de façon importante la taille du premier calcul menant aux valeurs moyennes de la densité de courant de chaque élément. La première possibilité est de fractionner l'élément le plus proche de l'angle. Dans notre exemple, fractionner en 8 éléments ce premier élément permet de réduire d'un facteur environ 5 l'erreur en courbe et discrétisation.

L'approximation de la densité de courant par segments de droites n'est intéressante que combinée à la résolution plus fine des coins.

Attention, au moment de calculer les valeurs de fonction d'interpolation $K_{Lagrange}(x)$, nous avons ici une inconnue de plus que le nombre d'équations (une valeur à trouver pour chaque extrémité d'élément alors que nous ne connaissons que la valeur (= valeur moyenne) au milieu d'un élément. Nous avons contourné cette difficulté en donnant une valeur bien choisie au point le plus lointain. Cependant, dans le cas pratique, le contour est fermé et il y a autant d'extrémités d'éléments que de milieux d'éléments. Le problème ne se pose plus !

La représentation fine de la densité de courant est utile pour mener des calculs précis de champ près des surfaces. Pour en tirer avantage, il faut ensuite calculer le potentiel ou l'induction en ajoutant les contributions des distributions en segments de droites du courant.

On pourrait aussi mener les calculs de la première étape (recherche de la densité de courant) en attribuant une pondération en segments de droites à chaque valeur numérique de courant. Malheureusement nous n'avons pas eu assez de temps pour réaliser cet essai car, avec cette hypothèse, il faut trouver l'excitation émise par une densité de courant en segments de droites et calculer sa moyenne en adoptant, pour l'élément récepteur, une pondération en segments de droites également.

6. PROBLÈME DE CONDITIONNEMENT DE LA MATRICE V

Lors du problème concernant le circuit du transformateur, présenté au chapitre 2 (§2.7) nous avons pu constater qu'une faible variation de la valeur de quelques éléments de la matrice V (+13 % sur 16 éléments d'une matrice qui en compte 518400) conduit à de très grandes variations sur les densités de courant K (facteur 3). Ce problème a été remis en évidence, dans le cas de la cavité rectangulaire étudié dans §4.1, en comparant la matrice V et le vecteur K calculés par deux formulations : μPEEC uniforme et μPEEC ponctuelle.

Rappelons que pour calculer les densités de courants superficielles, il est nécessaire de résoudre le système de l'équation linéaire $V.K = Hft$. Aussi, nous avons évalué les erreurs relatives sur la matrice V et sur les vecteurs *Hft* et *K*.. La conclusion à laquelle on arrive est très surprenante, en effet, si nous comparons les résultats obtenus par μPEEC ponctuel et uniforme nous ne trouvons que peu de variation dans la matrices V, seuls 8 éléments (sur les 90000 éléments que compte la matrice) situés dans les 4 coins de la cavité rectangulaire, changent de 13%, les autres éléments sont quasiment constants (variations relatives < 0.8%), le vecteur *Hft* semble inchangé (variation < 0.05%) mais le vecteur des densités varie d'environs 300% ! Cette extrême sensibilité d'un résultat par rapport à la variation d'un petit nombre d'éléments est connue en mathématiques. On dit, que la matrice *V* est mal conditionnée. Différentes définitions coexistent pour attribuer une valeur de conditionnement à une matrice. Mathcad en propose 4 mais la plus classique consiste à évaluer le quotient au carré de la valeur propre maximale sur la valeur propre minimale de la matrice à évaluer. C'est cette dernière évaluation que nous avons adoptée pour comparer les résultats obtenus (Tableau 3-8) par les différentes méthodes μPEEC.

Tableau 3-8 : Calcul de conditionnement (carré des valeurs propres) de la matrice *V*

Taille matrice	120 x 120	600 x 600	3000 x 3000
K et *H* au milieu			
Courant total	287.378091501	660.340096332	1181.792783396
Cond (V)	248	591	1079
K au milieu et *H* moyen			
Courant total	1999.273131991	1999.010925263	1999.000436992
Cond (V)	1811	1850	1870
K et *H* moyens			
Courant total	1999.000000002	1999.000000024	1998.999999973
Cond (V)	1814	1852	1871

L'analyse de ces résultats montre que le conditionnement de *V* est grand, ce qui n'est pas favorable à la précision du résultat, mais ici les valeurs ne sont pas inacceptables (le seuil admis est couramment placé vers 10^5). Il n'est donc pas certain que là se trouve l'explication. D'une manière plus élémentaire, il faudrait étudier la sensibilité du déterminant de V aux quelques éléments sensibles identifiés. Une erreur sur ce déterminant expliquerait en effet que toutes les valeurs de la matrice inverse soient multipliées par un facteur quasiment constant…

Pour finir, MathCad proposant plusieurs évaluations du conditionnement, nous les avons testées et nous avons remarqué une étrange corrélation. Pour les 9 exemples traités, le conditionnement évalué suivant la norme L1 des matrices (somme des valeurs absolues des éléments) est, à peu de choses près, égal au courant total trouvé à l'issu du calcul. Nous ne savons pas encore expliquer cette coïncidence.

Tableau 3-9 : Calcul de conditionnement (norme L1) de la matrice V

Taille matrice	120 x 120	600 x 600	3000 x 3000
K et *H* au milieu			
Courant total	287.378091501	660.340096332	1181.792783396
Cond1 (V)	289	662	1181
K au milieu et *H* moyen			
Courant total	1999.273131991	1999.010925263	1999.000436992
Cond1 (V)	2000	2000	2000
K et *H* moyens			
Courant total	1999.000000002	1999.000000024	1998.999999973
Cond1 (V)	2000	2000	2000

7. CONCLUSION

L'objectif initial de cette thèse consistait à mettre en œuvre la technique µPEEC que nous considérions comme validée depuis un travail de master recherche et une thèse précédente. Les difficultés imprévues que nous avons du surmonter pour l'appliquer à nos problèmes pratiques et dont nous avons peiné à identifier la cause nous ont amenée à sortir de la spécialité de notre équipe pour aborder un pur problème de modélisation. Nous ne savons que depuis un petit nombre de mois que le contenu de ce chapitre peut être présenté comme le passage d'une modélisation par « collocation » à une approche de type « Galerkin ». Néanmoins, il semble que si les problèmes liés à l'application des méthodes intégrales dans les coins ont été signalés dans la littérature, peu de solutions ont été proposées à ce jour. Nous espérons donc que cette contribution sera utile.

Dans ce chapitre, après avoir montré les erreurs induite par la discrétisation ponctuelle dans un cas simple mais représentatif des dispositifs que nous désirons modéliser, nous avons proposé une nouvelle formulation pour la méthode µPEEC. Nous supposons désormais que chaque élément est parcouru par une densité de courant uniforme et, indépendamment, nous identifions l'excitation tangentielle reçue par un élément à sa valeur moyenne plutôt qu'à la valeur prise en son milieu. Cette nouvelle formulation, appelée µPEEC uniforme, a été validée dans différentes configurations par confrontation avec les résultats obtenus par FLUX2D. Ainsi, il a été montré que l'induction magnétique et l'énergie du dispositif pouvaient être obtenues avec une très bonne précision.

Toutefois, l'induction dans les angles de fenêtres étant très grande, l'approximation, par des marches d'escalier, de la densité de courant peut s'avérer top grossier pour une étude fine. Pour remédier à cela, à la fin du chapitre, des techniques pour améliorer la représentation de la densité de courant superficiel ont été présentées. Moyennant une augmentation minime de la taille des calculs, elles permettent d'avoir une excellente précision sur la densité de courant à proximité des angles.

Maintenant que la formulation µPEEC uniforme a été validée, nous allons la mettre en œuvre dans un outil de calcul que nous avons construit. Cet outil, présenté dans le chapitre suivant, permet d'appliquer notre méthode à tout dispositif de forme simple, qui présente une invariance par translation suivant Oz et dont la section se décrit par un petit nombre de rectangles.

Chapitre 4

Outil pour la description et le calcul rapide des circuits magnétiques simples en 2D

1. INTRODUCTION

Au cours du chapitre 3, nous avons proposé et testé des améliorations de la formulation μPEEC ponctuelle pour laquelle le chapitre 2 a montré que, dans certaines conditions malheureusement souvent réunies en pratique, elle était trop imprécise pour être exploitable. La nouvelle formulation μPEEC, dite uniforme, a été validée en confrontant ses résultats à ceux des simulations de FLUX2D et sa précision est apparue suffisamment bonne pour que nous tentions de mettre au point un outil qui l'exploite.

L'outil présenté dans ce chapitre vise à mettre en œuvre la méthode μPEEC uniforme pour étudier des systèmes invariants par translation dont la section se décrit par une superposition de rectangles. Cet objectif limité a été choisi pour accéder aux premières applications pratiques et tester l'intérêt de notre approche dans un temps limité.

Quand un besoin industriel conduit à modifier un circuit ferrite du commerce (par meulage par exemple), les données fournies par le constructeur (longueur efficace, inductance spécifique, …) sont en grande partie inexploitables. Dans ces conditions, l'ingénieur est conduit à mener des calculs de réluctance basiques dont il ignore la précision. Dans les limites géométriques fixées, notre outil, qui ne nécessite que la description extérieure du circuit et la perméabilité, devrait alors lui faciliter la tâche.

2. DESCRIPTION DE L'OUTIL

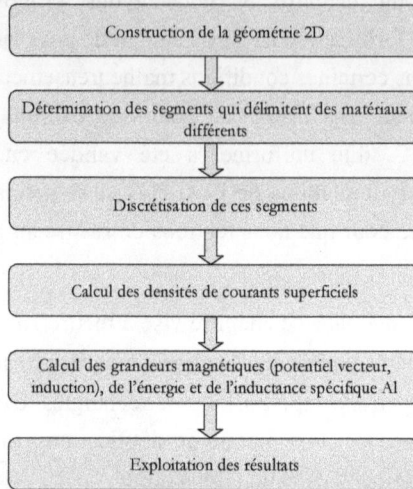

```
┌─────────────────────────────────────────┐
│    Construction de la géométrie 2D        │
└─────────────────────────────────────────┘
                    ↓
┌─────────────────────────────────────────┐
│ Détermination des segments qui délimitent des matériaux │
│                différents                 │
└─────────────────────────────────────────┘
                    ↓
┌─────────────────────────────────────────┐
│      Discrétisation de ces segments       │
└─────────────────────────────────────────┘
                    ↓
┌─────────────────────────────────────────┐
│  Calcul des densités de courants superficiels │
└─────────────────────────────────────────┘
                    ↓
┌─────────────────────────────────────────┐
│ Calcul des grandeurs magnétiques (potentiel vecteur, │
│ induction), de l'énergie et de l'inductance spécifique Al │
└─────────────────────────────────────────┘
                    ↓
┌─────────────────────────────────────────┐
│        Exploitation des résultats         │
└─────────────────────────────────────────┘
```

Figure 4-1 : Synoptique de description de l'outil

L'outil est réalisé avec logiciel Mathcad 14 [MATHCAD] pour étudier des géométries 2D simples et anguleuses comme la fenêtre de transformateur présentée sur la Figure 2-1. Le synoptique de l'outil est présenté sur la Figure 4-1.

2.1. Description de la géométrie 2D

Nous nous sommes restreints à étudier des dispositifs invariants par translation. De nombreux circuits magnétiques en ferrite peuvent être vus comme des tronçons de tels dispositifs. En outre, nous avons supposé que la section de ceux qui nous intéressent peut être décrite comme une superposition de rectangles de perméabilités diverses. C'est le cas, par exemple, du circuit magnétique présenté sur la Figure 4-2 . Il s'agit d'une fenêtre de transformateur ayant deux entrefers (l'un sur la jambe centrale, l'autre sur la jambe de droite) dont toutes les dimensions sont données.

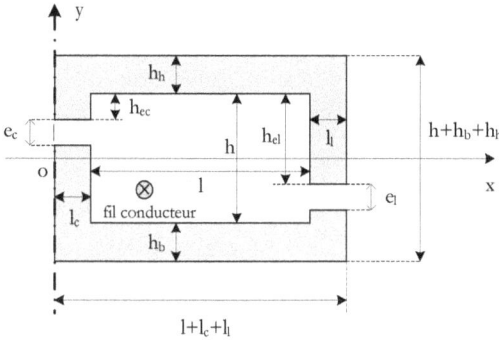

Figure 4-2 : Description de la géométrie

Le circuit magnétique est décrit comme une superposition de rectangles délimitant une zone dont la perméabilité est uniforme. Quand deux rectangles se chevauchent, c'est le dernier introduit qui fixe la perméabilité de la zone recouverte. Chaque rectangle est défini par les deux extrémités (x,y) d'une de ses diagonales et par sa perméabilité. Ainsi, pour la Figure 4-2 :

- Le rectangle de dimension $(l+l_c+l_l)x(h+h_b+h_h)$ est définie par les deux extrémités de sa diagonale : $\left(0,\frac{h}{2}+h_h\right)$; $\left[l+l_c+l_l,-\left(\frac{h}{2}+h_h\right)\right]$ et sa perméabilité μ_r

- La fenêtre de bobinage de dimension l x h est définie par deux extrémités de sa diagonale : $\left(l_c,\frac{h}{2}\right)$; $\left(l+l_c,-\frac{h}{2}\right)$ et sa perméabilité est égale celle de l'air $\mu_a=1$

Nous procédons de la même façon pour les entrefers. L'avantage de cette description, est sa flexibilité. En fait, en changeant la valeur de la perméabilité des rectangles nous pouvons obtenir des géométries différentes. Par exemple en donnant la valeur de perméabilité des entrefers égale à celle du circuit magnétique nous obtenons un circuit sans entrefer et si nous remplaçons la perméabilité de la fenêtre de bobinage par celle du circuit magnétique nous obtenons un barreau magnétique plein.

En outre, si le circuit présente un plan de symétrie, on suppose que celui-ci est en x = 0 et on ne décrit que la partie située en x > 0. La partie en x < 0 est alors déduite automatiquement. Il est possible de mettre fin à la description symétrique pour introduire, dans un second temps, des éléments non symétriques comme un entrefer sur une seule jambe extérieure ou un conducteur de retour non symétrique du conducteur aller.

Enfin, le premier rectangle est le milieu extérieur au circuit : sa perméabilité relative vaut 1 mais il est inutile de définir son contour externe qui est supposé être à l'infini.

2.2. Détermination des segments qui délimitent des matériaux différents

Dès que le circuit magnétique 2D est décrit, nous cherchons les segments qui délimitent des matériaux magnétiques différents. Seuls ceux-ci seront traversés par des courants. Nous traitons de la même façon les segments horizontaux et les segments verticaux. Pour chaque type, les segments sont ordonnés pour que leurs coordonnées soient inférieures à gauche et supérieures à droite. Pour chaque segment, nous inscrivons les coordonnées de ses deux extrémités et les valeurs de la perméabilité des deux côtés (celles trouvées lorsqu'on diminue puis augmente légèrement la coordonnée normale au segment considéré). Prenons un exemple simple : un barreau magnétique plein, de perméabilité μ_r (Figure 4-3).

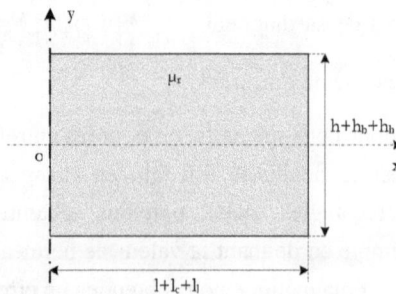

Figure 4-3 : Géométrie d'un barreau magnétique plein

Nous avons ici besoin de quatre segments pour décrire le contour en totalité : deux horizontaux et deux verticaux. Leurs caractéristiques sont

126

rangées dans deux tableaux :

Pour les segments horizontaux :

$$
SegH = \begin{bmatrix}
-\dfrac{1}{2}(h + h_b + h_h) & \dfrac{1}{2}(h + h_b + h_h) \\
0 & 0 \\
l + l_c + l_l & l + l_c + l \\
1 & \mu_r \\
\mu_r & 1
\end{bmatrix}
\tag{4-1}
$$

Pour les segments verticaux :

$$
SegV = \begin{bmatrix}
0 & l + l_c + l \\
-\dfrac{1}{2}(h + h_b + h_h) & -\dfrac{1}{2}(h + h_b + h_h) \\
\dfrac{1}{2}(h + h_b + h_h) & \dfrac{1}{2}(h + h_b + h_h) \\
1 & \mu_r \\
\mu_r & 1
\end{bmatrix}
\tag{4-2}
$$

Chaque colonne dans ces tableaux correspond à un segment et pour chaque colonne du tableau de SegH (SegV) :

- La première ligne correspond à l'ordonnée (l'abscisse) de deux extrémités du segment.

- Les deuxième et troisième lignes correspondent à l'abscisse (l'ordonnée) de l'extrémité inférieure et de l'extrémité supérieure du segment.

- Les quatrième et cinquième lignes correspondent à la valeur de perméabilités trouvées lorsqu'on diminue et augmente légèrement la coordonnée normale au segment considéré.

Un traitement supplémentaire élimine les segments qui séparent deux zones de même perméabilité.

2.3. Discrétisation des segments

Après cette première phase purement géométrique, nous discrétisons les segments en éléments afin de préparer le calcul du courant superficiel. Suivant la forme de l'objet et le besoin de l'utilisateur, nous pouvons choisir entre une discrétisation en éléments de mêmes largeurs, une discrétisation avec des largeurs formant une progression géométrique ou toute autre loi mathématique. Nous déterminons alors, pour chaque élément, sa largeur et son orientation (horizontale ou verticale), les coordonnées (x,y) de son milieu, la perméabilité de chaque côté (comme pour les segments).

2.4. Calcul des densités de courants superficiels

Pour trouver la densité de courant superficiel qui traverse chaque élément, nous utilisons l'expression : $[K] = [V]^{-1}.[Hft]$ dans laquelle la matrice V et le vecteur *Hft* sont calculés, pour la discrétisation choisie, conformément à la formulation µPEEC uniforme décrite dans le chapitre 3.

2.5. Calcul des champs, de l'énergie et de l'inductance Al

Maintenant que la densité de courant superficiel est connue en tout point de la surface, nous pouvons calculer le potentiel vecteur et l'induction à l'aide des expressions analytiques établies dans le chapitre 3. Nous pouvons aussi exploiter le calcul d'énergie présenté au paragraphe §4.2.3 du chapitre 1. L'inductance spécifique (Al) du dispositif s'en déduit directement.

2.6. Exploitation des résultats

Avec cet outil, nous accédons rapidement à la cartographie du champ et à l'énergie totale emmagasinée par le système. Nous pouvons ainsi étudier la variation de ces grandeurs en fonction des paramètres géométriques tels que la position du fil source, l'épaisseur d'un entrefer, sa position, sa perméabilité. En outre, la cartographie de B^2 donne une idée des pertes par courants induits dans les conducteurs de même qu'une indication sur les courants de circulation qui parcourent des fils connectés en parallèle (2 fils en main ou fil de litz). Même si cela reste approximatif en raison de l'approximation 2D, l'ingénieur peut espérer en tirer des informations plus fiables que celles qui résultent d'un simple calcul de réluctances.

3. APPLICATION DE L'OUTIL

3.1. Application de l'outil afin d'évaluer l'inductance spécifique Al d'un circuit réalisé avec des E du commerce

Le circuit E choisi est le **E58/11/38** de Ferroxcube [FERROXCUBE], ses paramètres effectifs et ses dimensions sont donnés sur la Figure 4-4. Ce circuit en E peut être utilisé en combinaison avec un autre circuit E pour former un circuit E-E ou avec une plaque (Figure 4-5) formant alors un circuit E-I.

Effective core parameters of a set of E cores

SYMBOL	PARAMETER	VALUE	UNIT
$\Sigma(l/A)$	core factor (C1)	0.268	mm^{-1}
V_e	effective volume	24 600	mm^3
l_e	effective length	80.6	mm
A_e	effective area	308	mm^2
A_{min}	minimum area	308	mm^2
m	mass of core half	≈ 62	g

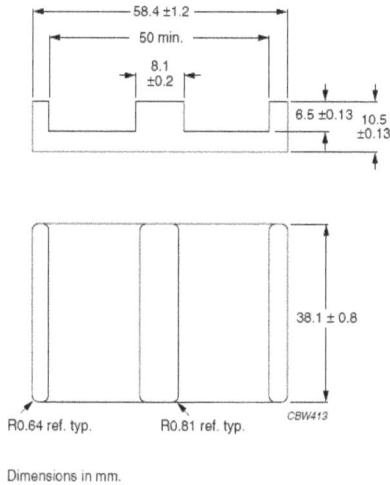

Dimensions in mm.

Figure 4-4 : Circuit E58/11/38

129

Effective core parameters of an E/PLT combination

SYMBOL	PARAMETER	VALUE	UNIT
$\Sigma(l/A)$	core factor (C1)	0.224	mm^{-1}
V_e	effective volume	20800	mm^3
l_e	effective length	67.7	mm
A_e	effective area	310	mm^2
A_{min}	minimum area	310	mm^2
m	mass of core half	≈ 44	g

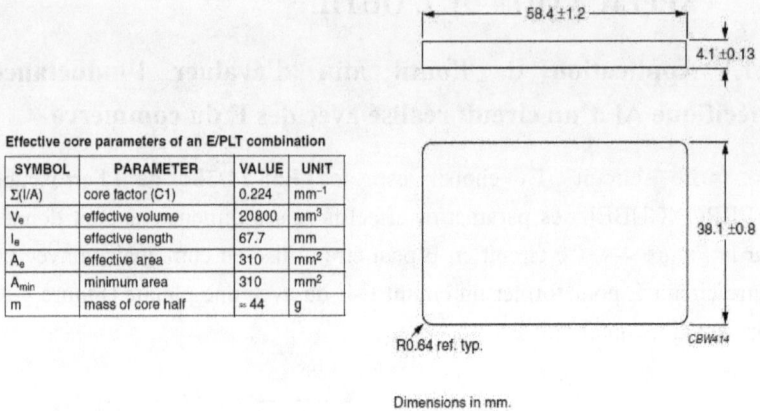

Figure 4-5 : Plaque E58/38/4

Les données fournies par le constructeur permettent de calculer le Al du noyau réalisé que ce soit avec deux E ou avec un E et une I avec ou sans entrefer. En effet, sont fournies des indications permettant de calculer la réluctance du circuit magnétique comme la longueur ou la section effective ainsi que le volume effectif. En revanche, peu d'informations sont données sur la façon dont ces grandeurs géométriques sont déterminées car si l'on compare les dimensions données sur la description géométrique avec les longueurs et surfaces effectives on peut constater quelques écarts. Cela fait qu'il est difficile, voire impossible, de déterminer précisément le Al d'un noyau magnétique réalisé avec d'autres éléments que ceux prévus dans la documentation ou avec des éléments usinés.

Afin de comparer les données obtenues en considérant la géométrie d'un noyau avec les dimensions effectives données par le constructeur nous les avons répertoriées dans le Tableau 4-1.

Tableau 4-1 : Comparaison des paramètres du circuit entre les valeurs données

par le constructeur et celles déduites des calculs simples pour les circuits E-E et E-I

	Valeur effective donnée par le constructeur	Valeur calculée à partir des données géométriques	Écart relatif entre les deux
Circuit E-E			
Longueur du circuit (mm)	80.6	80.78	0.2 %
Section du noyau (mm²)	308	308.61	0.2 %
Volume du noyau (mm³)	24600	25973	5.6 %
Circuit E-I			
Longueur du circuit (mm)	67.7	67.78	0.1 %
Section du noyau (mm²)	310	308.61	0.5 %
Volume du noyau (mm³)	20800	21887	5.2 %

Nous voyons qu'un écart existe entre ces paramètres. Ce ne sont donc pas simplement les grandeurs géométriques qui jouent pour obtenir les grandeurs spécifiques d'un noyau. Pourtant la norme CEI60205 régissant la façon dont sont calculés les paramètres effectifs semble dire l'inverse … Au-delà de cette ambiguïté, cela signifie qu'il n'est pas possible d'extrapoler ces grandeur pour un noyau qui serait usiné a posteriori pour l'adapter aux besoins d'une application.

Sur ce point, l'outil que nous proposons de développer ici devrait être un support important aussi, nous allons dans la suite, l'utiliser pour déterminer le Al de différents noyaux et comparer nos résultats aux données constructeurs.

3.1.1. Circuit à perméabilité élevée de forme E-E et E-I sans entrefer

Pour ce cas d'étude, le circuit magnétique combine deux circuits E identiques, ou un circuit E avec une plaque de couverture I. Le matériau du circuit est de type **3C90** dont la valeur de perméabilité initial est $\mu_r = 2300$. Nous utilisons cette valeur pour les simulations µPEEC. Grâce à notre outil nous pouvons calculer la valeur du Al de ce circuit magnétique quelque soit la position du fil inducteur dans la fenêtre. La Figure 4-6 présente alors la variation de cet Al en fonction de la position du fil inducteur dans la fenêtre dans les deux cas de circuit magnétique E-E et E-I.

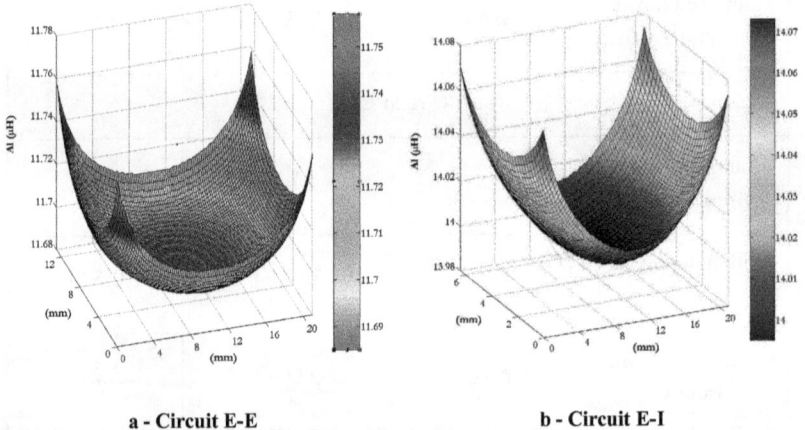

a - Circuit E-E   b - Circuit E-I

Figure 4-6 : Variation de Al en fonction de la position du fil dans la fenêtre de bobinage

Même si cette figure semble présenter des variations importantes du Al en raison du choix de l'échelle, celles-ci sont en réalité faibles, environ 0.6% entre les valeurs crêtes dans les angles et la valeur minimale au centre de la fenêtre et ce dans les deux cas de figure.

Les valeurs de Al, calculées par notre outil, celle donnée par le constructeur et celle déduite du calcul de réluctance, sont résumées dans le Tableau 3-6.

Tableau 4-2 : Comparaison des valeurs de Al calculées à l'aide de l'outil, à l'aide du calcul de réluctance et la valeur donnée par le constructeur pour les circuits E-E et E-I sans entrefer

	Valeur de Al (µH)	Écart relatif entre l'outil et le constructeur	Écart relatif entre l'outil et le calcul de réluctance
Circuit E-E			
Constructeur	8.48 ± 25%		
Calcul de réluctance	11.05		
Calcul par notre outil (Valeur moyenne)	11.70	27.52 %	5.57 %
Circuit E-I			
Constructeur	9.97 ± 25%		
Calcul de réluctance	13.17		
Calcul par notre outil (Valeur moyenne)	14.02	28.87 %	6.06 %

En comparaison avec la valeur déduite du calcul de réluctance, l'erreur relative de quelques pourcents est acceptable vu que le calcul de réluctance est a priori approximatif. En revanche, lorsque l'on compare ce résultat avec les valeurs données par le constructeur, l'erreur est importante (environ 29 %). Une des raisons qui permettrait d'expliquer cet écart est la présence d'entrefers résiduels entre les deux sous-circuits E-E ou E-I. En effet, la valeur donnée par le constructeur est vraisemblablement obtenue par mesure dans des conditions de mise en œuvre bien précises, notamment de pression exercée sur les deux E ou sur E et le I permettant de figer les entrefers résiduels mais pas de l'annuler. Pour ce convaincre de l'existence de ces entrefers, il suffit de regarder la valeur du μ_e donné par le constructeur qui est, dans le cas d'un E-E, de 1800 pour une valeur intrinsèque du matériau de 2300. L'épaisseur des entrefers à introduire entre les deux sous-circuits afin de retrouver les valeurs de μ_e constructeur peut se calculer facilement à l'aide du calcul de réluctance et il est intéressant de constater que celle-ci est quasiment similaire dans le cas d'une association E-E : 6 µm et d'une association E-I : 5.5 µm sur chaque jambes. Cela semble logique compte tenu de la similitude entre les deux essais ayant conduit à ces résultats. D'autre part, et on pouvait s'en douter, on voit que le Al est très sensible à cet entrefer même s'il est très petit.

Pour vérifier notre hypothèse, nous avons donc introduit ces entrefers résiduels dans nos simulations µPEEC et recalculé le Al dans ces conditions. Les résultats sont présentés dans le Tableau 4-3.

Tableau 4-3 : Comparaison des valeurs de Al calculées à l'aide de l'outil et la valeur donnée par le constructeur pour les circuit E-E et E-I sans entrefer en présence des entrefers résiduels

	Valeur de Al (µH)	Écart relatif entre l'outil et le constructeur
Circuit E-E		
Constructeur	8.48 ± 25%	
Calcul par notre outil (Valeur moyenne)	8.79	3.53 %
Circuit E-I		
Constructeur	9.97 ± 25%	
Calcul par notre outil (Valeur moyenne)	9.64	3.45 %

Nous constatons que les résultats obtenus sont cohérents, l'erreur relative entre la valeur calculée à l'aide de notre outil et celle donnée par le constructeur est maintenant dans la tolérance du constructeur. Cette épaisseur d'entrefer pourrait donc, à elle seule, suffire pour expliquer les écarts constatés plus haut.

3.1.2. Circuit à faible perméabilité de forme E-E sans entrefer

Comme vu précédemment, les calculs simples de réluctances peuvent conduire à des résultats très proches des valeurs indiquées par le constructeur. Cependant, aucun garde fou ne garantit que cette précision soit identique pour tous les circuits magnétiques. Un point important concerne en effet la perméabilité du matériau qui conditionne de manière importante les chemins de flux et donc la pertinence du calcul de réluctance. Lorsque cette perméabilité décroît, les flux de fuite dans l'air gagne a fortiori en importance. C'est ce point que nous allons mettre en évidence dans la suite en considérant un noyau E-E constitué de matériaux à faible perméabilité de type 4E1 et 4D2 présentant respectivement un perméabilité de $\mu_r = 15$ (4E1) et $\mu_r = 60$ (4D2). Par contre ces circuits ne sont pas présents au catalogue des constructeurs, et nous comparerons alors les valeurs de Al calculées par notre outil, aux calculs de réluctances. Ces comparaisons sont résumées dans le Tableau 4-4.

Tableau 4-4 : Comparaison des valeurs de Al calculées à l'aide de l'outil et à l'aide du calcul de réluctance pour les circuits E-E à faible perméabilité sans entrefer

	$\mu_r = 15$		$\mu_r = 60$	
	Valeur moyenne de Al (µH)	Al_{max}/Al_{min}	Valeur moyenne de Al (µH)	Al_{max}/Al_{min}
Calcul par notre outil	0.18	1.35	0.41	1.18
Calcul de réluctance	0.07		0.29	

Écart relatif entre les deux	59.50 %		29.53 %	

Tout d'abord nous constatons que plus la valeur de perméabilité du matériau magnétique est petite et plus la variation de Al est grande. Deuxièmement, nous pouvons vérifier que l'écart entre les résultats obtenus par μPEEC et le calcul de réluctance augmente lorsque la perméabilité magnétique du matériau utilisé diminue. Cet écart est beaucoup plus important que celui obtenu pour le cas de perméabilité élevée. Cela est signe que le calcul de réluctance n'est plus performant et que dans ces conditions notre outil peut être une aide importante.

3.1.3. Circuit E-E avec un entrefer

Dans ce cas d'étude, le circuit magnétique combine un circuit E sans entrefer avec un circuit E ayant un entrefer à la jambe centrale, l'épaisseur de l'entrefer est de 0.4 mm. Nous étudions la variation de l'inductance Al en fonction de la position du conducteur dans la fenêtre et ce pour trois positions différentes de l'entrefer : au centre de la jambe centrale, à 1/6 hauteur du haut de la jambe centrale, et, enfin, en haut de la jambe centrale.

Les lignes équipotentielles sont tracées sur la Figure 4-7 pour le conducteur au centre de la fenêtre. La figure de gauche correspond à la vue globale et celle de droite à un zoom sur l'entrefer. Toutes les deux présentent une bonne allure : les lignes de flux sont bien canalisées dans le matériau magnétique et elles ont tendance à fuir des deux côtés de l'entrefer.

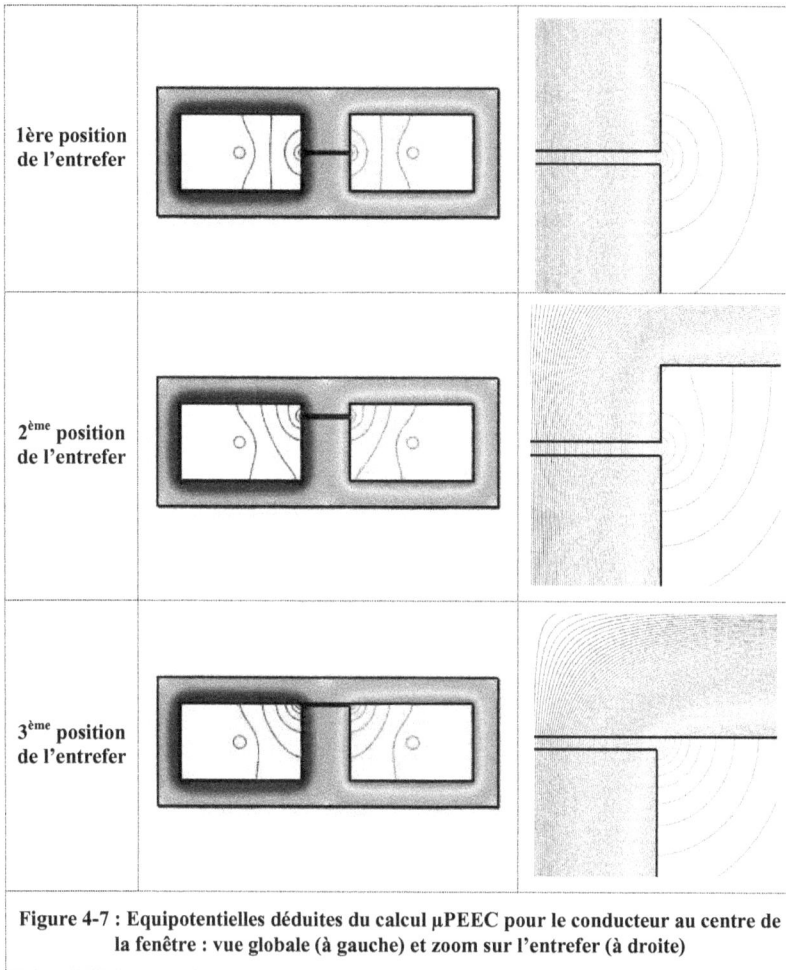

Figure 4-7 : Equipotentielles déduites du calcul µPEEC pour le conducteur au centre de la fenêtre : vue globale (à gauche) et zoom sur l'entrefer (à droite)

La variation de Al en fonction de la position du fil est présentée Figure 4-8. L'inductance Al atteint la valeur minimale quand le fil est proche de l'entrefer et elle obtient la valeur maximale quand le fil se trouve aux deux coins opposés par rapport à l'entrefer. Le rapport entre les valeurs maximale et minimale est d'environ 1.4, ce qui met en évidence que l'inductance Al varie de façon plus importante en présence d'un entrefer que sans. Ce point met l'accent sur les conditions de mesure du Al, notamment en ce qui concerne la position de la bobine inductrice.

1ère position de l'entrefer	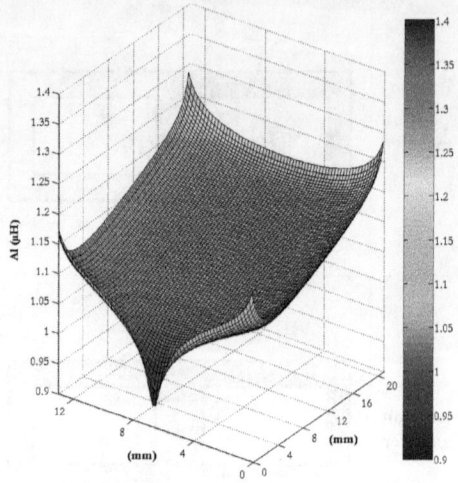
2ème position de l'entrefer	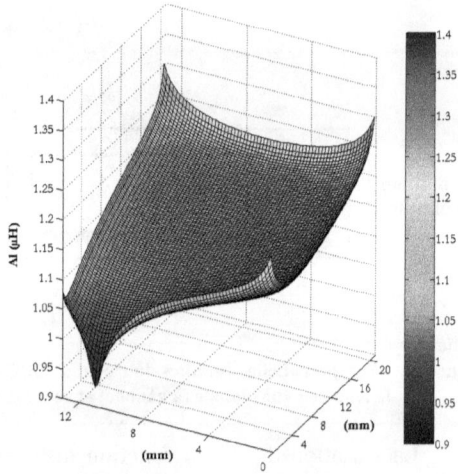

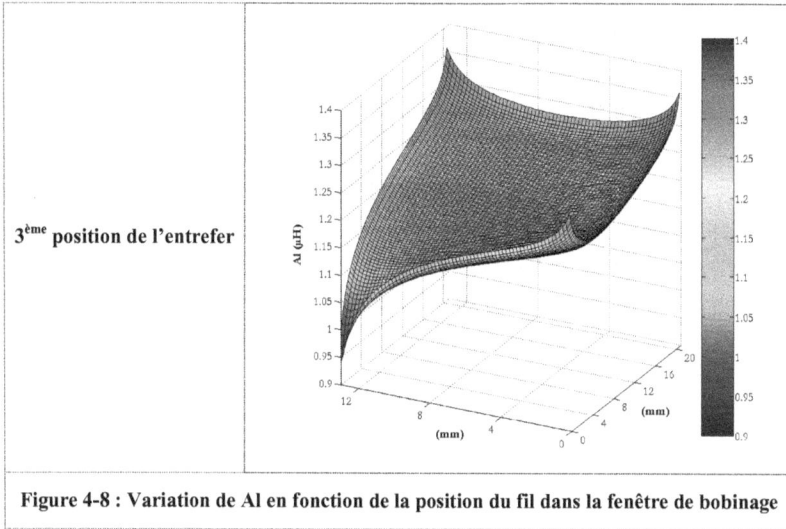

3ème position de l'entrefer

Figure 4-8 : Variation de Al en fonction de la position du fil dans la fenêtre de bobinage

Le Tableau 4-5 présente la comparaison du Al entre la valeur calculée par notre outil et celles donnée par le constructeur ou déduite du calcul de réluctance.

Tableau 4-5 : Comparaison de Al entre la valeur calculée par l'outil, celle déduite du calcul de réluctance et celle donnée par le constructeur pour le circuit E-E avec un entrefer central

	Valeur de Al (μH)	Écart relatif entre l'outil et le constructeur	Écart relatif entre l'outil et le calcul de réluctance
Constructeur	$1 \pm 5\%$		
Calcul de réluctance	0.89		
Calcul par notre outil (Valeur moyenne)			
$1^{\text{ère}}$ position de l'entrefer	1.11	10.33 %	20.04%
$2^{\text{ème}}$ position de l'entrefer	1.13	11.68 %	21.25 %

139

3ème position de l'entrefer	1.19	16.03 %	25.13 %

Nous constatons que l'inductance Al varie très peu en fonction de l'emplacement de l'entrefer. Ceci dit, plus l'entrefer est proche du coin de la fenêtre et plus la valeur de Al est grande. L'inductance Al atteint sa valeur minimale quand l'entrefer est situé au centre de la jambe centrale. L'écart entre les valeurs calculées par l'outil et celle indiquée par le constructeur est encore grande et d'une dizaine de % environ. Comme précédemment, l'écart peu être imputé en partie aux entrefers résiduels dont l'épaisseur de l'ordre de quelques µm tends à ramener cet écart à quelques %. En effet, les calculs effectués en tenant compte d'un entrefer résiduel de 6 µm sur les trois jambes ont montré que l'écart se réduisant jusqu'à 8 %.

Avec le calcul de réluctance, nous ne pouvons pas évaluer la variation de l'inductance en fonction de l'emplacement de l'entrefer, c'est une autre limite du calcul de réluctance. La valeur obtenue est alors un peu plus faible que celle du constructeur car, dans le calcul de réluctance, nous considérons que le champ est uniforme dans l'entrefer et que la section de passage du flux est identique à celle du circuit magnétique. L'épanouissement des lignes de champs n'est donc pas pris en compte et fausse d'autant plus que l'entrefer est important.

Si maintenant nous étudions la tolérance donnée par le constructeur en fonction de l'épaisseur de l'entrefer (Annexe 6), on constate que plus l'épaisseur de l'entrefer est importante plus la tolérance diminue. Ceci peut s'expliquer par la tolérance que le constructeur est capable de garantir sur les paramètres du matériau magnétique. En effet, plus l'entrefer est grand, plus la réluctance du noyau magnétique ainsi constituée est liée à la seule réluctance de l'entrefer et, de ce fait plus la précision sur les caractéristiques du circuit magnétique peut être grande. En revanche, sans entrefer, la précision va dépendre fortement, d'une part de la précision sur la perméabilité du matériau magnétique (2300±20% pour la matériau 3C90) et d'autre part de l'entrefer résiduel dépendant lui fortement de la pression appliquée sur le noyau lors de la mesure. Dans ce cas la précision est faible sur la valeur de Al et de l'ordre de ±25%.

3.2. Cartographie de B^2 et gradient de A dans la fenêtre : image des pertes dans les conducteurs

Nous l'avons vu, l'outil que nous avons développé nous permet de connaître l'allure de l'induction B que ce soit dans l'air ou dans le matériau magnétique. Il peut donc être utilisé pour comparer les performances de différents circuits magnétiques en terme de pertes cuivre notamment. Dans ce but, la cartographie de B^2 dans la fenêtre de bobinage nous donne une idée de la répartition des pertes que nous aurions dans le bobinage sous l'effet des courants induits. De même l'observation du gradient de A nous donne une information sur les courants de circulation susceptibles d'apparaître dans un bobinage comportant des conducteurs en parallèle (bobinage 2 fils en main ou fil de Litz). Nous aurons donc, lors de la conception d'un composant bobiné intérêt à rechercher les configurations qui assure une valeur moyenne de B^2 sur le bobinage qui soit minimale et un gradient de A le plus réduit pour minimiser les pertes par courants induits et les courants de circulation entre conducteurs en parallèle.

3.2.1. Circuit E-E avec entrefer

Nous reprenons le circuit E-E avec un entrefer au centre de la jambe centrale, présenté au §3.1.3. , les sources sont des conducteurs massifs rectangulaires, parcourus par des courants uniformes I et –I de part et d'autre de la jambe centrale. Chaque conducteur couvre toute la fenêtre de bobinage (e << devant les dimensions de la fenêtre) comme présenté sur la Figure 4-9. Dans ce cas, l'entrefer est alors de 1.4 mm et le $\mu_r = 2300$.

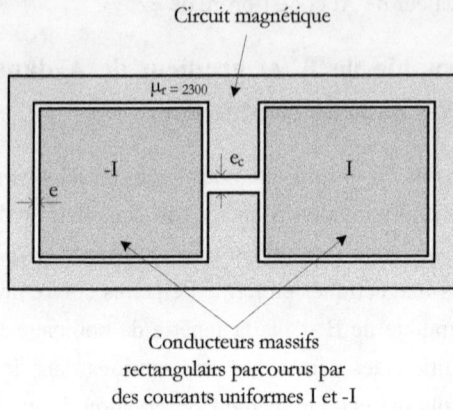

Figure 4-9 : Géométrie pour tracer la cartographie de B^2

Pour le calcul μPEEC, les conducteurs n'étant pas des fils fins, les expressions du potentiel vecteur et de l'induction créés par un conducteur rectangulaire, issues de la formulation PEEC [CLA-96], [MAR-06] et [RUE-74] sont substituées aux précédentes.

La cartographie de B^2 obtenue dans ce cas est représentée Figure 4-10. Sur cette figure la vue au dessus correspond à la vue 2D et celle au dessous à une vue 3D.

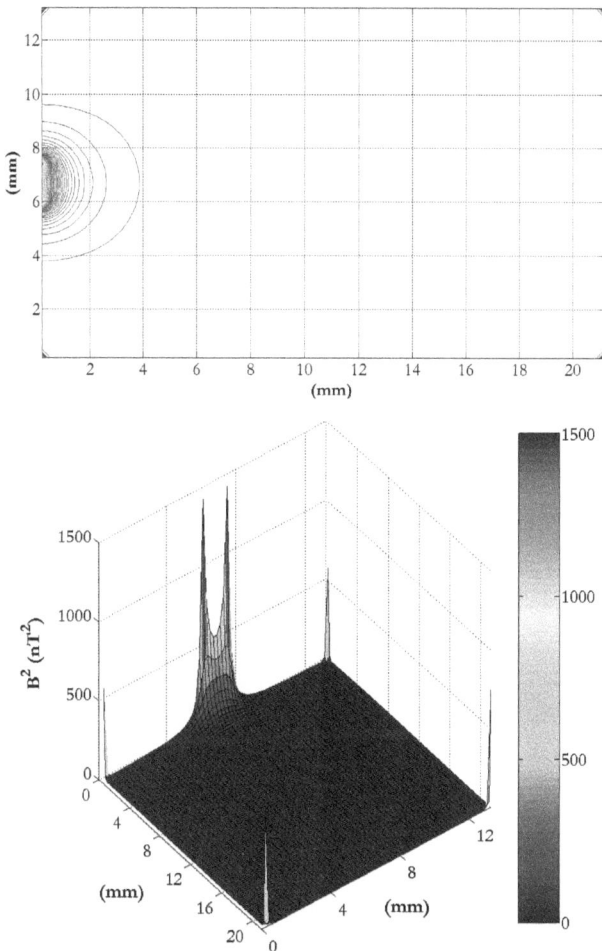

Figure 4-10 : Cartographie de B^2 dans la fenêtre de droite du circuit E-E avec l'entrefer de 1.4mm et de perméabilité $\mu_r = 2300$

Nous constatons que les pertes sont beaucoup plus importantes au niveau de l'entrefer et dans les angles de la fenêtre. Cette cartographie permet alors de confirmer l'intérêt d'éloigner les conducteurs de l'entrefer et des coins de la fenêtre ! Cette représentation permet alors d'ajuster cette règle de conception souvent empirique. Dans notre cas, un éloignement de 4 mm de l'entrefer permet en effet de réduire jusqu'à 80% la valeur moyenne de B^2 et donc de réduire à terme les pertes cuivre.

Comme nous avons parlé dans la partie précédente, l'observation du gradient du potentiel vecteur A nous donne également une information sur les courants de circulation susceptibles d'apparaître dans un bobinage comportant des conducteurs en parallèle. Ici, le module du gradient de A est égal au module de B grâce à l'identité de leurs composantes. Nous obtenons alors une cartographie du gradient de A qui présente une allure identique à celle de B^2 présenté dans la Figure 4-10. L'allure des équipotentielles nous indique alors qu'à hauteur de l'entrefer, la composante parallèle à la jambe centrale du gradient est plus importante que l'autre composante. Les courants de circulation seraient donc a priori plus importants entre deux conducteurs alignés perpendiculairement à la jambe centrale que parallèlement. Cette conclusion s'inverse en terme de composante lorsque l'on s'éloigne de l'entrefer parallèlement à la jambe centrale.

3.2.2. Comparaison des pertes par courants induits entre un circuit E-E avec un entrefer et celui sans entrefer ayant la même inductance Al

Nous comparerons maintenant 2 configurations de circuit magnétique qui conduisent au même valeur de Al mais avec, dans un premier cas un matériau à forte perméabilité et un entrefer sur la jambe centrale et dans un deuxième cas un matériau à faible perméabilité et sans entrefer.

- 1er cas, le circuit magnétique est réalisé avec un matériau de μ_r important égal à 2300 et présente un entrefer de 1.4 mm. Ce circuit est étudié précédemment dans §3.2.1.

- 2ème cas, le circuit que magnétique est réalisé avec un matériau de faible $\mu_r = 71$ et ne présente pas d'entrefer.

Dans les deux cas, les valeurs de l'inductance spécifique Al et les valeurs moyennes de B^2 obtenues par notre outil sont données dans le Tableau 4-6.

144

Tableau 4-6 : Valeurs du Al et valeurs moyennes de B^2 obtenues par notre outil pour les deux circuits E-E sans entrefer et E-E avec entrefer

	Circuit E-E sans entrefer $\mu_r = 71$	Circuit E-E avec l'entrefer de 1.4 mm ; $\mu_r = 2300$
Valeur de Al (µH)	0.377	0.377
Valeur moyenne de B^2 (nT^2)	0.639	6.888

La cartographie de B^2 dans la fenêtre de droite du circuit E-E sans entrefer est présentée dans la Figure 4-11.

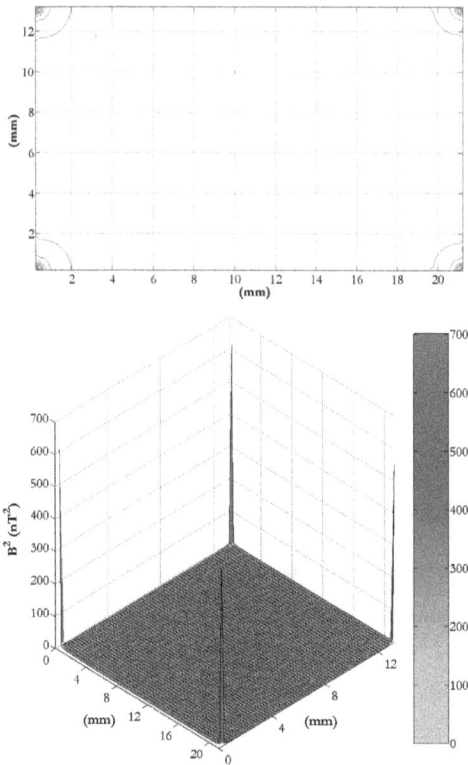

Figure 4-11 : Cartographie de B^2 dans la fenêtre de droite du circuit E-E sans entrefer, de perméabilité $\mu_r = 71$

Nous constatons que, dans les deux configurations de circuit, les valeurs de B^2 sont toujours plus grande dans les coins de la fenêtre qu'au centre. Le calcul d'une valeur moyenne qui inclut le pourtour de la fenêtre et donc les coins et la proximité immédiate de l'entrefer (distance de 0.4 mm) montre que ceux-ci contribuent à hauteur de 65 % de la valeur initiale. La remarque qui consiste à éloigner les conducteurs des coins de la fenêtre est donc encore valide pour des matériaux de faible perméabilité.

Nous constatons également que les valeurs de B^2 pour le circuit avec un entrefer sont également importantes aux coins de la fenêtre et au niveau de l'entrefer sont beaucoup plus importantes que celles du circuit sans entrefer, et ce d'environ un facteur 2.5. Dans le circuit sans entrefer, les valeurs de B^2 sont effectivement très réduites sauf dans les coins de la fenêtre. Comme précédemment, ne pas mettre de conducteurs sur le pourtour de la fenêtre (distance de 0.4 mm) et donc à proximité des coins réduit considérablement la valeur moyenne de B^2 (jusqu'à 65 %). Pour conclure, et pour revenir à la même valeur moyenne de B^2 sur les conducteurs dans le cas avec entrefer que dans le cas sans entrefer, il faudrait alors se priver de 50 % de la surface de la fenêtre ! Une solution sans entrefer est donc préférable à la solution avec entrefer d'un point de vue des pertes dans les conducteurs même si le flux est peu canalisé dans le noyau en raison d'un μ_r faible.

3.3. Application de l'outil pour connaître la saturation locale des circuits magnétiques

Une des exploitations de notre outil, c'est le tracé de l'induction dans tout le circuit magnétique ce qui nous permet de connaître les endroits, dans le matériau où l'induction est maximale et dépasse potentiellement l'induction à saturation. Pour cet exemple, nous prenons la géométrie présentée dans la Figure 4-9, mais dans ce cas le circuit n'ayant pas d'un entrefer. La perméabilité du circuit est égale de **2300** et le courant uniforme qui parcourt le conducteur massif rectangulaire qui occupe la fenêtre est égal à **10 A**. La cartographie de l'induction (en module) sur tout le circuit magnétique est présentée sur la Figure 4-12.

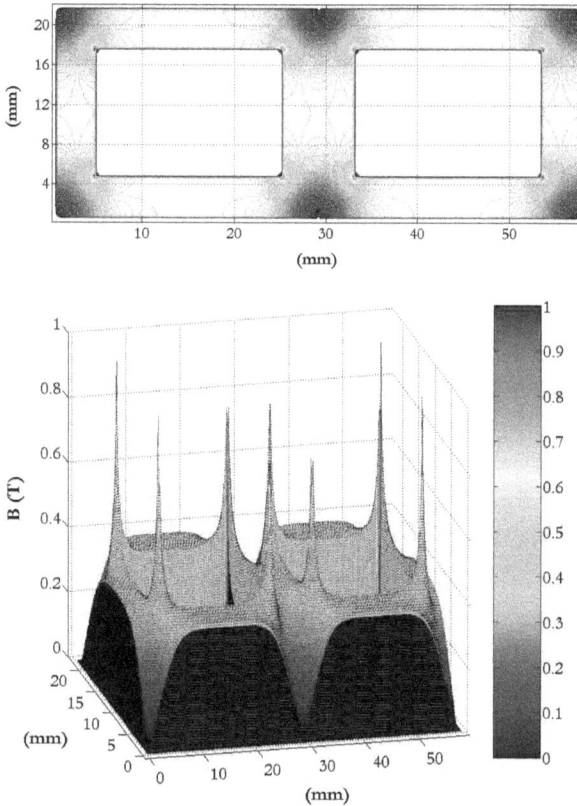

Figure 4-12 : Cartographie de B (en module) dans le circuit magnétique

Vue en 2D (au dessus) et vue en 3D (au dessous)

Ces traces montrent que l'induction est maximale dans les 8 coins intérieurs du circuit magnétique et elle dépasse la valeur de saturation du matériau (0.4 Tesla). La surface de circuit magnétique située aux coins intérieurs pour laquelle l'induction dépasse 0.4 T s'inscrit dans un arc de rayon 1 mm (à comparer au 58.4 mm de largeur du circuit magnétique). L'effet de cette saturation sur les valeurs de Al devrait alors être étudié et la fonction de la saturation du matériau, de même qu'en fonction de la forme du coin du circuit magnétique : à angle droit ou en arc de cercle par exemple.

4. CONCLUSION

Au cours de ce chapitre, nous avons décrit l'outil que nous avons réalisé pour appliquer la méthode μPEEC à des problèmes pratiques. Nous avons ensuite montré que cet outil pouvait aider l'ingénieur confronté au dimensionnement d'un transformateur lorsque la forme des circuits magnétiques du commerce ne convient pas et qu'il faut soit la modifier par meulage, soit en élaborer une nouvelle.

Dans une approche standard, le dimensionnement d'un transformateur ou d'une inductance déduit, des contraintes électroniques, le produit des surfaces de la fenêtre et du circuit puis, avec ce repère, la consultation des catalogues mène au choix du circuit. C'est à ce moment que des contraintes supplémentaires (d'encombrement ou de rendement par exemple) conduisent parfois à écarter les circuits trouvés. Dans cette hypothèse, l'ingénieur est confronté, pour prévoir le comportement d'un circuit qui n'existe pas encore, à un manque de paramètres qu'il ne peut combler qu'en utilisant un logiciel de simulation (éléments finis par exemple) complet, précis mais lourd ou en menant des calculs de réluctance très imprécis.

Comme la méthode PEEC pour les conducteurs, la méthode μPEEC vise à alléger les calculs nécessaires en présence de matériaux magnétiques en évitant de mailler l'air, ce qui réduit la taille des matrices à manipuler. C'est ce qui a motivé cette étude. Les difficultés qui nous ont retardés n'ont pas permis d'exploiter longuement l'outil mis au point. Les quelques applications traitées ci-dessus montrent que sa précision est bien meilleure que celle des calculs de réluctance et qu'elle est même comparable à celle obtenue à l'aide des logiciels d'éléments finis. Bien entendu, notre outil réalisé avec Mathcad n'est pas optimisé sur le plan de la rapidité et comparer sa vitesse à celle d'un logiciel commercial aurait été prématuré.

Conclusions et perspectives

L'objectif de cette thèse était d'introduire les régions magnétiques dans la méthode PEEC en remplaçant les matériaux magnétiques par des courants de surface. Les applications visées étaient de modéliser et d'évaluer la réluctance de circuits magnétiques simples en 2D. Ce type de structure se trouve largement dans le domaine de l'électronique de puissance comme les inductances toriques ou les circuits de type E-E ou E-I de transformateur et il est important de prédire leur comportement électromagnétique dès la phase de conception.

Dans le premier chapitre, la méthode μPEEC est présentée et nous l'avons appliquée au calcul du champ de systèmes cylindriques simples en 2D réalisée à partir de matériaux magnétiques isolants. Outre les champs, nous avons calculé l'énergie et l'inductance d'un tel système. Les validations analytiques et numériques présentées à la suite, ont montré une bonne cohérence de cette méthode avec les approches considérées comme des références à savoir les simulations par la méthode éléments finis ou les solutions analytiques lorsqu'elles sont disponibles.

Dans le chapitre 2, nous avons mené des études approfondies sur un circuit magnétique en E et vu que la méthode est mise en échec. Nous avons effectué plusieurs recherches pour trouver la cause de l'erreur. Pour cela, nous avons étudié les réflexions multiples du champ dans la fenêtre et nous avons trouvé que le problème est localisé aux quelques points partant des coins intérieurs du circuit.

Nous avons ensuite effectué des tests au début du chapitre 3, pour montrer que la formulation μPEEC ponctuelle (concentration du courant et du champ au milieu d'un segment) que nous avons utilisée dans le chapitre 1 est mal adaptée aux circuits rectangulaires des fenêtres de transformateur. Une nouvelle formulation, basée sur l'étalement de courant et de champ le long d'un élément, est donc proposée et validée par confrontation avec des simulations par éléments finis. Des propositions visant à améliorer l'interpolation de la densité de courant sont ensuite présentées et à la fin du chapitre une étude rapide du conditionnement de la matrice à inverser est présentée et discutée.

Au chapitre 4, nous avons développé un outil, qui permet de construire et de calculer rapidement des circuits magnétiques simples 2D. La première application de l'outil a été d'évaluer la variation de l'inductance Al en fonction de l'emplacement du conducteur et de l'entrefer d'un circuit du commerce de type E-E ou E-I. Ce calcul, qui ne peut pas être effectué par le calcul de réluctance, nous a permis de montrer que le Al varie dans la fenêtre de bobinage. Nous avons ensuite valorisé notre outil en l'utilisant dans quelques exemples pour effectuer une cartographie des pertes dans les bobinages ou pour localiser les zones ou l'induction est maximale dans le circuit.

Le travail développé dans ce mémoire a donné les premiers résultats positifs dans l'introduction des matériaux magnétiques dans la méthode PEEC par une méthode semi-analytique présentant l'avantage de ne pas nécessiter le maillage de l'air. Pourtant, il reste encore des limitations et un nombre important de travaux à réaliser.

En termes de temps de calcul, les simulations µPEEC ne sont pas très intéressantes par rapport aux simulations éléments finis réalisées avec FLUX2D, parce que les matrices obtenues sont quasiment pleines, ce qui ne favorise pas la rapidité des calculs. Cependant, les calculs sont réalisés avec Mathcad et ne sont pas optimisé sur le plan de la rapidité. Comparer la vitesse de cette méthode à celle d'un logiciel commercial aurait été prématuré.

Des améliorations restent néanmoins nécessaires, notamment pour simplifier la discrétisation, en garantissant de façon automatique sa qualité. Nous rejoignons ici une problématique qui est bien connue avec les éléments finis.

Dès le départ nous envisagions principalement les applications utilisant des ferrites. Ce matériau étant pratiquement isolant, les courants équivalents ne circulent que sur sa surface. Afin d'accéder simplement aux premières applications, nous avons ensuite restreint notre étude aux systèmes présentant une invariance par translation. Pour ceux-ci, la direction des courants de surface est fixée au départ et leur description ne nécessite qu'une composante.

Lorsque nous avons réalisé l'outil, nous avons trouvé commode de décrire la section du dispositif par une superposition de rectangles. Cela n'est pas complètement général car il peut s'avérer intéressant d'arrondir les angles de fenêtres ou de tailler un entrefer en biseau. Pour traiter ces cas, la description de la section doit être complétée mais, au niveau du traitement, les modifications à apporter sont mineures. En effet, le calcul de l'excitation tangentielle moyenne appliquée par un élément sur un autre, qui doit ici envisager un angle quelconque entre les éléments, peut s'appuyer sur les deux cas déjà traités où l'angle vaut soit 0 soit 90°.

Il pourrait aussi être intéressant de tenir compte de la partie imaginaire de la perméabilité pour obtenir, avec la précision limitée de l'approximation linéaire, une valeur approchée des pertes magnétiques. Reste à vérifier que cela est compatible avec l'approche théorique et que cela ne remet pas en cause la nullité des courants volumiques. Ensuite, il faudra traiter les vecteurs et les matrices exploités pour la résolution comme des quantités complexes. Notons qu'en dépit de sa précision limitée, l'approximation linéaire est la seule adaptée pour comparer des résultats de simulation avec des valeurs issues de mesures au pont d'impédance. En outre, aujourd'hui, les simulations des circuits électroniques s'appuient, en haute fréquence, sur la représentation des composants magnétiques par des circuits à constantes localisées qui sont, par définition, linéaires.

Pour finir, notre approche pourrait s'approcher d'une méthode purement analytique de la façon suivante. Les courants de surface sont actuellement décrits par des lois très simples suivies sur des éléments très étroits en grand nombre : c'est le propre de la discrétisation. A la base, il est possible de les décrire en se donnant une fonction définie sur toute la largeur d'un segment. Le calcul de l'excitation moyenne envoyée par un segment complet sur un autre peut alors exiger le calcul d'une intégrale très complexe. En revanche, si nous décomposons les deux fonctions (densité de courant du segment émetteur et excitation tangentielle sur le segment récepteur) en polynômes orthogonaux de Legendre, le calcul est accessible : nous l'avons fait (1).

La primitive double de : $u^p \cdot v^q \cdot \ln(u^2 + v^2)$ est :

$$
\begin{aligned}
INT(u,v,p,q) := & \frac{u^{q+p+2}}{(q+1)\cdot(q+p+2)} \cdot \left(\sin\left(q \cdot \frac{\pi}{2} \right) \cdot \ln(u^2 + v^2) + 2 \cdot \cos\left(q \cdot \frac{\pi}{2} \right) \cdot \operatorname{atan}\left(\frac{v}{u} \right) \right) \dots \\
& + \frac{v^{q+p+2}}{(p+1)\cdot(q+p+2)} \cdot \left(\sin\left(p \cdot \frac{\pi}{2} \right) \cdot \ln(u^2 + v^2) + 2 \cdot \cos\left(p \cdot \frac{\pi}{2} \right) \cdot \operatorname{atan}\left(\frac{u}{v} \right) \right) \dots \\
& + \frac{u^{p+1} \cdot v^{q+1}}{(p+1)\cdot(q+1)} \cdot \left(\ln(u^2 + v^2) - \frac{2}{p+q+2} \right) \dots \\
& + \frac{2}{p+q+2} \cdot \left[\frac{u^{p+1}}{q+1} \cdot \sum_{k=1}^{q+1} \left[\sin\left[(q-k) \cdot \frac{\pi}{2} \right] \cdot \frac{v^k}{k} \cdot u^{q+1-k} \right] + \frac{v^{q+1}}{p+1} \cdot \sum_{k=1}^{p+1} \left[\sin\left[(p-k) \cdot \frac{\pi}{2} \right] \cdot \frac{u^k}{k} \cdot v^{p+1-k} \right] \right]
\end{aligned}
\tag{1}
$$

Une difficulté prévisible pour cette décomposition est sa convergence sur les segments intérieurs puisque, dans les angles, la densité de courant tend vers l'infini. On peut espérer contourner ce problème en considérant que la fonction cherchée combine (en addition ou en produit) une fonction approchée (que l'on ne décompose pas) et une fonction inconnue qui seule sera décomposée. Une fonction approchée se déduit des fonctions que nous avons trouvées pour le comportement asymptotiquement de la densité de courant dans les coins intérieurs (§2.7-Chapitre 2).

Malgré les limitations ci-dessus, l'introduction des matériaux magnétiques dans la méthode PEEC ouvre des perspectives très intéressantes pour le dimensionnement non seulement des transformateurs, mais encore de tous les accessoires de connectique tels que des armoires de distribution (en tôle) et, plus généralement, de tous les dispositifs électromagnétiques où l'énergie est produite par des conducteurs proches de matériaux magnétiques.

Références bibliographiques

Références bibliographiques

[AIM-06]   J. Aimé, J-M. Guichon, L. Meysenc, D. Bouchat, J-L. Schanen, J. Roudet, *"Etude de l'Equilibrage en Courants d'un Redresseur Triphasé Forte Puissance par Modélisation PEEC"*, Electronique de puissance du Futur, EPF06, Juillet 2006, Grenoble, France.

[AIM-09]   J. Aimé, *"Le rayonnement des convertisseurs statiques avec une application à la variation de vitesse"*, Thèse de l'UJF, Grenoble, mars 2009.

[ANT-06]   G. Antonini, M. Sabatini, G. Miscione, *"PEEC Modeling of Linear Magnetic Materials"*, 2006 IEEE International Symposium on Electromagnetic Compatibility

[BES-11]   A. Besri, *"Modélisation analytique et outils pour l'optimisation des transformateurs de puissance haute fréquence planars "*, Thèse de l'Université de Grenoble, mai 2011.

[CLA-96]   E. Clavel, *"Vers un outil de conception de câblage : Le logiciel INCA"*, Thèse de INPG, Grenoble, Novembre 1996.

[DUR-68]   E. DURAND, *"Magnétostatique"*. Paris, France : Masson et Cie, 1968.

[GON-05]   J-P. Gonnet, *"Optimisaton des Canalisations Electriques et des Armoires de Distribution"*, Thèse de l'UJF, Grenoble, Juin 2005.

[GRA-94]   I.S. Gradshteyn and I.M. Ryzhik, *"Table of integrals, Series and Products, fith edition"*, Academic Press, London 1994.

[GUE-95]   C. GUERIN, *"Détermination des pertes par courants de Foucault dans les cuves de transformateurs. Modélisation* de régions minces et prise en compte de la saturation des matériaux magnétiques en régime harmonique", Thèse l'Institut National Polytechnique de Grenoble, 1994.

[GUI-01]   J-M. Guichon, *"Modélisation, caractérisation, dimensionnement de jeux de barres"*, Thèse de INPG, Grenoble, Novembre 2001.

[HIN-95]   N.G. HINGORANI, *"Future role of power electronics in power systems"*, Proceedings of 1995 International Symposium on Power Semiconductor Devices & ICs, Yokohama.

[HOE-65]   C. HOER, C. LOVE, *"Exact Inductance Equations for Rectangular Conductors With Applications to More Complicated Geometries"*, Journal of Research of the national Bureau of Standards-C. Engineering and Instrumentation, Vol. 69C, No. 2, 127-137, 1965.

[KER-05]   J-P. Keradec, E. Clavel, J-P. Gonnet, V. Mazauric *"Introducing Linear Magnetic Materials in PEEC Simulations. Principles, Academic and Industrial Applications"*, IEEE Industrial Application Society, IAS05, Vol. 3, Oct. 2005, Ottawa, Canada, pp. 2236 – 2240.

[KER-11]   J-P. Keradec, *"Energie magnétique d'un système invariant par translation"*, démonstration et application, 2011.

[KOV-10]   I.F. Kovacevic, A.. Musing, J.W. Kolar, *"PEEC Modelling of Toroidal Magnetic Inductor in Frequency Domain"*, The 2010 International Power Electronics Conference

[KOV-11]   I.F. Kovacevic, A.. Musing, J.W. Kolar, *"An Extension of PEEC Method of Magnetic Materials Modeling in Frequency Domain"*, IEEE Transactions on Magnetics, Vol.47, No.5, May 2011

[LAV-91]   E. Laveuve, *"Modélisation des transformateurs des convertisseurs haute fréquence"*, Thèse de INPG, Grenoble, Septembre 1991.

[LED-11]   Tung LE-DUC, *"Développement de méthodes intégrales de volume en électromagnétisme basse fréquence. Prise en compte des matériaux magnétiques et des régions minces conductrices dans la méthode PEEC"*, Thèse de l'université de Grenoble, 2011.

[LIF-90]   E. Lifchitz, L. Pitayevski, *"Electrodynamique des milieux continus"*, Editions MIR, 2ème édition, 1990.

[LIO-08]   T. LIOUX, *" Calcul analytique d'inductance dans des conducteurs rectilignes parallèles"*, Rapport du travail de fin d'études, Septembre 2008.

[LON-03-1]   H. Long, Z. Feng, H. Feng, A. Wang, T. Ren, *"magPEEC: Extended PEEC Modeling for 3D Arbitrary Electro-Magnetic Devices with Application for M-Cored Inductors"*, pages 251-254, June 2003.

[LON-03-2]   H. Long , Z. Feng , H. Feng and A. Wang, *"A novel accurate PEEC-based 3D modeling technique for RF devices of arbitrary conductor-magnet structure"*, Microw. Opt. Technol. Lett., vol. 38, no. 3, pp.237 - 240 , 2003.

[LUO-97]   H.T. LUONG, *"Amélioration de la formulation en potentiel scalaire magnétique et génération au couplage entre équations de champ et de circuit électrique"*, Thèse l'Institut National Polytechnique de Grenoble, 1997.

[MAR-06-1]   X. Margueron, *"Elaboration sans prototypage du circuit équivalent de transformateurs de type planar "*, Thèse de l'UJF, Grenoble, octobre 2006.

[MAR-06-2]   X. Margueron, J-P. Keradec, H. Stéphan, *"Les Courants de Circulation dans les Conducteurs en Parallèle : Influence dans un Transformateur Planar"*, Electronique de puissance du Futur, EPF06, Juillet 2006, Grenoble, France.

[MAR-07]   X. Margueron, J-P. Keradec, D. Magot, *"Analytical calculation of static leakage inductances of H.F. transformers Using PEEC Formulas"*, IEEE Transactions on Industry Applications, to be publish in July 2007.

[MUS-98]   A. Musolino, M. Raugi, A. Tellini, *"MOM Formulation for Nonlinear Low-Frequency Analysis in the Time Domain"*, IEEE Transactions on Magnetics, 34(5):2609-2612, September 1998.

[RUE-72]   A.E. RUEHLI, *"Inductance Calculation in a Complex Integrated Circuit Environment"*, IBM Journal of Research and Development, Vol. 16, 470-481, September 1972.

[RUE-74]   A. E. Ruehli, *"Equivalent Circuit Models for Three Dimensional Multiconductor System"*, IEEE Transactions on Microwave Theory and Techniques, Vol. MTT-22, No. 3, pp. 216-221, March 1974.

[ROS-88]   W. A. Roshen, D. A. Turcotte, *"Planar Inductors on Magnetic Substrates"*, IEEE Transactions on Magnetics, Vol. 24, No. 6, pp. 3213-3216, November 1988.

[ROS-90-1]   W. A. Roshen, *"Effect of Finite Thickness of Magnetic Substrate on Planar Inductors"*, IEEE Transactions on Magnetics, Vol. 26, No. 1, pp. 270-275, January 1990.

[ROS-90-2]   W. A. Roshen, *"Analysis of Planar Sandwich Inductors by Current Images"*, IEEE Transactions on Magnetics, Vol. 26, No. 5, pp. 2880-2887, September 1990.

[SCH-94]   J-L. SCHANEN, *"Intégration de la Compatibilité Electromagnétique dans la conception de convertisseur en Electronique de Puissance"*, Thèse l'Institut National Polytechnique de Grenoble, 1994.

[SCH-00]   J-L. Schanen, *"Vers Electronique de puissance: au coeur de la commutation...Modèles pour l'analyse, modèles de conception"*, Habilitation à diriger des recherches, Laboratoire d'Electrotechnique de Grenoble, Novembre 2000.

[TRA-08-1] T. S. Tran , G. Meunier , P. Labie , Y. Le Floch , J. Roudet , J. M. Guichon and Y. Marechal, *"Coupling PEEC-finite element method for solving electromagnetic problems"*, IEEE Trans. Magn., vol. 44, no. 6, pp.1330 - 1333 , 2008.

[TRA-08-2] T-S. TRAN, *"Couplage de la méthode des éléments finis avec la méthode PEEC : application à la modélisation de dispositifs électromagnétiques comprenant des systèmes de conducteurs complexes"*, Thèse de l'UJF, Grenoble, 2008.

Références en ligne

[FERROXCUBE]   http://www.ferroxcube.com

[FLUX]   Flux, Cedrat, 10 Chemin de Pré Carré-ZIRST,
                38426 Meylan, France.

                http://www.cedrat.com

[INCA]   InCa, *"Inductance Calculation"*, Cedrat, 10
                Chemin de Pré Carré-ZIRST, 38426 Meylan,
                France.

                http://www.cedrat.com

[MATHCAD]   Mathcad 11 Enterprise Edition, Mathsoft
                Engineering and Education, Inc. 101 Main Street,
                Cambridge, MA 02142, USA.

                http://www.mathcad.com

[MATLAB]   The MathWorks™ - Math, Statistics, and
                Optimization, 400 Continental Blvd, Suite 600, El
                Segundo, CA 90245, UNITED STATES

                http://www.mathworks.com

Annexes

ANNEXE 1 : CALCUL DU CHAMP MAGNETOSTATIQUE CREE PAR UN FIL RECTILIGNE SUR UN CYLINDRE PLEIN MAGNETIQUE 165

ANNEXE 2 : CALCUL DU CHAMP MAGNETOSTATIQUE CREE PAR DEUX FILS RECTILIGNES SUR UN TORE MAGNETIQUE 176

ANNEXE 3 : CALCUL DE LA SOMME DES COURANTS SUPERFICIELS 191

ANNEXE 4 : CALCUL DU CHAMP MAGNETOSTATIQUE CREE PAR UN FIL RECTILIGNE SUR UN MATERIAU MAGNETIQUE SEMI-INFINI 194

ANNEXE 5 : CALCUL DU CHAMP MAGNETOSTATIQUE CREE PAR UN FIL RECTILIGNE SUR UN EMPILEMENT DE COUCHES MAGNETIQUES INFINI A FACES PARALLELE 203

ANNEXE 6 : DATA SHEET-E58/11/38-PLANAR E CORES 205

Annexe 1

Calcul du champ magnétostatique créé par un fil rectiligne sur un cylindre plein magnétique

1. ÉTUDE ANALYTIQUE DE CHAMPS MAGNÉTIQUES EN 2D

1.1. Introduction

Nous calculons les champs créés par des courants en présence de matériaux magnétiques en supposant toujours que les courants de déplacement sont négligeables (approximation des états quasi stationnaires). Afin de limiter les difficultés, nous supposons que tous les matériaux constitutifs ont un comportement linéaire, homogène et isotrope (lhi). Bref, il s'agit de résoudre l'équation vectorielle de Poisson qui relie le potentiel vecteur A à la densité de courant J :

$$\Delta \vec{A} = -\mu \vec{J} \tag{1}$$

Dans un premier de temps, l'étude est limitée en magnétostatique. La densité de courant est uniforme. En coordonnées cylindriques (r,ϕ,z), l'équation (1) s'écrit :

$$\frac{\partial^2 A}{\partial r^2} + \frac{1}{r}\frac{\partial A}{\partial r} + \frac{1}{r^2}\frac{\partial^2 A}{\partial \phi^2} = -\mu J \tag{2}$$

D'une manière générale, il s'agit de résoudre une équation différentielle linéaire dépendant de deux variables. La solution générale d'une telle équation s'obtient en ajoutant, à la solution générale de

165

l'équation sans second membre, une solution particulière de l'équation avec second membre. En magnétostatique, le second membre est proportionnel à *J* (et l'équation écrite avec *J* = *0* est appelée équation de Laplace.

1.2. Résolution de l'équation de Laplace

1.2.1. Solution générale. Écriture générale du potentiel vecteur

Pour résoudre l'équation différentielle partielle (2), on cherche d'abord la solution générale de l'équation sans second membre. C'est l'équation de Laplace :

$$\frac{\partial^2 A}{\partial r^2} + \frac{1}{r}\frac{\partial A}{\partial r} + \frac{1}{r^2}\frac{\partial^2 A}{\partial \phi^2} = 0 \tag{3}$$

La séparation des variables s'opère ici naturellement puisque *A* est une fonction périodique de ϕ qui se développe en série de Fourier. Ainsi, l'équation (3) s'écrit :

$$A = \sum_{-\infty}^{\infty} C_n(r)e^{jn\phi} \quad \longrightarrow \quad \sum_{-\infty}^{\infty}\left[\frac{d^2C_n}{dr^2} + \frac{1}{r}\frac{dC_n}{dr} - \frac{n^2}{r^2}C_n\right]e^{jn\phi} \tag{4}$$

Etant donné l'indépendance linéaire des fonctions exponentielles, il faut que le crochet soit identiquement nul pour tout n. On obtient ainsi une équation différentielle qui caractérise les fonctions C_n. Cette équation se résout facilement en posant :

$$C_n(r) = \lambda\, r^m \tag{5}$$

La nullité du crochet de (4) s'écrit alors :

$$\lambda\, m(m-1)r^{m-2} + \lambda\, m\, r^{m-2} - n^2\lambda\, r^{m-2} = 0 \tag{6}$$

Cette équation est satisfaite si $m = \pm n$. Ainsi, pour tout n différent de zéro, on obtient deux fonctions linéairement indépendantes, ce qui est normal pour une équation du second ordre.

Le cas n = 0 se traite différemment :

$$\frac{d^2C_0}{dr^2} + \frac{1}{r}\frac{dC_0}{dr} = 0 \quad \longrightarrow \quad r\frac{d^2C_0}{dr^2} + \frac{dC_0}{dr} = \frac{d}{dr}\left(r\frac{dC_0}{dr}\right) = 0 \tag{7}$$

En intégrant deux fois, deux fonctions indépendantes apparaissent également :

$$C_0(r) = -a\ln(r) + a\ln(k) = a\ln\left(\frac{k}{r}\right) \qquad (8)$$

Sur ces deux fonctions, une est constante. Nous l'oublierons puisqu'elle ne donne aucune induction. En définitive, le potentiel vecteur de la solution générale inclut deux types de termes : ceux qui croissent avec r, nous noterons leurs composantes a_n et b_n, et ceux qui décroissent avec r, de composantes α_n et β_n. Dans un problème particulier, il est fréquent qu'un des deux types de solutions soit écarté car, physiquement parlant, il n'est pas raisonnable que l'induction puisse être infinie dans une région dépourvue de courants. Pour rappeler ceci, nous avons noté *ext* le champ créé, à l'extérieur, par des sources situées à l'intérieur d'une région cylindrique et *int* celui correspondant à la situation opposée. Ces abréviations se rapportent donc au point de calcul de champ. Par ailleurs, les problèmes plans faisant davantage appel à l'angle plan qu'à l'angle solide, il est plus judicieux de mettre en facteur la constante $\mu/2\pi$ que $\mu/4\pi$.

Tableau 1 : Deux types de solutions de l'équation de Laplace

Champ créé, à l'extérieur, par des sources situées à l'intérieur d'une région cylindrique (ce champ se compose des termes décroissent avec r)	*Champ créé, à l'intérieur, par des sources situées à l'extérieur d'une région cylindrique (ce champ se compose des termes croissent avec r)*
$Aext(r,\phi) = -\frac{\mu}{2\pi}\cdot\alpha_0\cdot\ln(r) + \frac{\mu}{2\pi}\cdot\sum_{n=1}^{\infty}\left[r^{-n}\cdot(\alpha_n\cdot\cos(n\phi) + \beta_n\cdot\sin(n\phi))\right]$ (9)	$Aint(r,\phi) = \frac{\mu}{2\pi}\cdot\sum_{n=1}^{\infty}\left[r^{n}\cdot(a_n\cdot\cos(n\phi) + b_n\cdot\sin(n\phi))\right]$ (10)

167

Dans une zone annulaire non parcourue par des courants, le potentiel combine ces deux types de termes si les courants sources se situent à l'intérieur et à l'extérieur de la couronne. Si cette zone annulaire est traversée par des courants, il faut, conformément à la méthode générale, ajouter à ces solutions, une solution particulière de l'équation avec second membre.

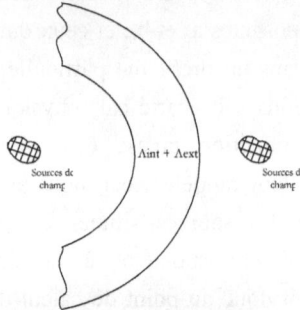

Figure 13 : Champ créé dans une zone annulaire par des sources à l'intérieur et à l'extérieur de la couronne

1.2.2. Écriture générale de l'induction

Les composantes cylindriques de l'induction sont données par :

$$B_r = \frac{1}{r}\frac{\partial A}{\partial \phi}$$
$$B_\phi = -\frac{\partial A}{\partial r} \tag{11}$$

Les deux composantes de l'induction de chaque champ s'écrit :

$$\text{Bext}(r,\phi)_r = \frac{\mu}{2\pi}\cdot \sum_{n=1}^{\infty}\left[n\cdot r^{-(n+1)}\cdot\left(-\alpha_n\cdot\sin(n\phi) + \beta_n\cdot\cos(n\phi)\right)\right]$$

$$\text{Bext}(r,\phi)_\phi = \frac{\mu}{2\cdot\pi}\cdot\frac{\alpha_0}{r} + \frac{\mu}{2\pi}\cdot\sum_{n=1}^{\infty}\left[n\cdot r^{-(n+1)}\cdot\left(\alpha_n\cdot\cos(n\phi) + \beta_n\cdot\sin(n\phi)\right)\right] \tag{12}$$

$$\text{Bint}(r,\phi)_r = \frac{\mu}{2\pi}\cdot\sum_{n=1}^{\infty}\left[n\cdot r^{n-1}\cdot\left(-a_n\cdot\sin(n\phi) + b_n\cdot\cos(n\phi)\right)\right]$$

$$\text{Bint}(r,\phi)_\phi = \frac{\mu}{2\pi}\cdot\sum_{n=1}^{\infty}\left[-n\cdot r^{n-1}\cdot\left(a_n\cdot\cos(n\phi) + b_n\cdot\sin(n\phi)\right)\right] \tag{13}$$

2. CALCUL DU CHAMP MAGNÉTOSATIQUE CRÉÉ PAR UN FIL RECTILIGNE SUR UN CYLINDRE PLEIN MAGNÉTIQUE

Considérons un système composé d'un fil rectiligne parcouru par un courant I_f situé à (r_f, ϕ_f) dans le repère cylindrique, l'extérieur d'un cylindre plein de perméabilité μ_{r1}. Le milieu entouré du fil est la perméabilité μ_{r2}. La section du système est présentée sur la Figure 14. On va calculer le champ dans ce système.

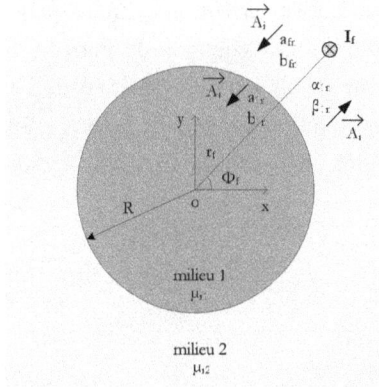

Figure 14 : Cylindre magnétique plus un fil rectiligne

Pour notre système, trois types de champs coexistent :

- Le champ incident $\overrightarrow{A_i}$ qui correspond à celui émis par le fil.

- Le champ réfléchi $\overrightarrow{A_r}$ sur l'interface des deux milieux.

- Le champ transmis $\overrightarrow{A_t}$ à travers la surface séparant les deux milieux.

Le champ dans le milieu 1 correspond au champ transmis et le champ dans le milieu 2 est la somme du champ incident créé par le fil et du champ réfléchi par le milieu 1. On va chercher le champ dans ces deux milieux.

2.1. Formule du potentiel vecteur dans les deux milieux

2.1.1. Potentiel vecteur dans le milieu 1

Dans le milieu 1, à l'intérieur du cylindre, le potentiel vecteur est la solution de l'équation de Laplace connue dans (10) :

$$A1(r,\phi) = \frac{\mu_0}{2\pi} \cdot \sum_{n=1}^{\infty} \left[r^n \cdot \left(a_{1n} \cdot \cos(n\phi) + b_{1n} \cdot \sin(n\phi) \right) \right] \tag{14}$$

2.1.2. Potentiel vecteur dans le milieu 2

Dans le milieu 2, à l'extérieur du cylindre, parcouru par un courant, le potentiel est la solution de l'équation de Poisson. La solution de cette équation est la somme de la solution générale de l'équation de Laplace connue dans (9) et une solution particulière associée à un courant filiforme, celle-ci est le potentiel émis par un fil. Dans le repère cylindrique, ce potentiel s'écrit :

$$Af = \frac{\mu_0 \cdot \mu_{r2}}{4 \cdot \pi} \cdot I_f \cdot \ln\left(d^2 \right) \tag{15}$$

Avec :

$$d^2 = r^2 - 2 \cdot r \cdot r_f \cdot \cos\left(\phi - \phi_f \right) + \left(r_f \right)^2 = \left(r_f \right)^2 \cdot \left[\left(\frac{r}{r_f} \right)^2 - 2 \cdot \frac{r}{r_f} \cdot \cos\left(\phi - \phi_f \right) + 1 \right] \tag{16}$$

Af devient :

$$Af(r,\phi) = \frac{\mu_0 \cdot \mu_{r2}}{2 \cdot \pi} \cdot I_f \cdot \ln\left(r_f \right) - \frac{\mu_0 \cdot \mu_{r2}}{4 \cdot \pi} \cdot I_f \cdot \ln\left[\left(\frac{r}{r_f} \right)^2 - 2 \cdot \frac{r}{r_f} \cdot \cos\left(\phi - \phi_f \right) + 1 \right] \tag{17}$$

Grâce aux polynômes de Chebyshev, nous établissons que :

$$\frac{1}{2} \cdot \ln\left[\left(\frac{r}{r_f} \right)^2 - 2 \cdot \frac{r}{r_f} \cdot \cos\left(\phi - \phi_f \right) + 1 \right] = -\sum_{n=1}^{\infty} \left[\frac{1}{n} \cdot \left(\frac{r}{r_f} \right)^n \cdot \cos\left[n \cdot \left(\phi - \phi_f \right) \right] \right] \tag{18}$$

Donc, on obtient au final le potentiel émis par le fil :

$$Af(r,\phi) = \frac{\mu_0 \cdot \mu_{r2}}{2 \cdot \pi} \cdot I_f \cdot \ln\left(r_f \right) + \frac{\mu_0 \cdot \mu_{r2}}{2 \cdot \pi} \cdot I_f \cdot \sum_{n=1}^{\infty} \left[\frac{1}{n} \cdot \left(\frac{r}{r_f} \right)^n \cdot \cos\left[n \cdot \left(\phi - \phi_f \right) \right] \right] \tag{19}$$

En décomposant, nous obtenons :

$$Af(r,\phi) = \frac{\mu 0}{2 \cdot \pi} \cdot a_{f0} \cdot \ln(r_f) + \frac{\mu 0}{2 \cdot \pi} \cdot \sum_{n=1}^{\infty} \left[r^n \cdot \left(a_{fn} \cdot \cos(n \cdot \phi) + b_{fn} \cdot \sin(n \cdot \phi) \right) \right] \tag{20}$$

Avec :

$$a_{f0} = \mu_{r2} \cdot I_f \qquad a_{fn} = \frac{\mu_{r2} \cdot I_f}{n \cdot (r_f)^n} \cdot \cos\left(n \cdot \phi_f\right) \qquad b_{fn} = \frac{\mu_{r2} \cdot I_f}{n \cdot (r_f)^n} \cdot \sin\left(n \cdot \phi_f\right) \tag{21}$$

Finalement, le potentiel dans le milieu 2 est donné par :

$$A2(r,\phi) = \frac{\mu_0}{2\pi} \cdot \left(a_{f0} \cdot \ln(r_f) + \alpha_{20} \cdot \ln(r) \right) + \frac{\mu_0}{2\pi} \cdot \sum_{n=1}^{\infty} \left[r^n \cdot \left(a_{fn} \cdot \cos(n\phi) + b_{fn} \cdot \sin(n\phi) \right) \right] \ldots$$
$$+ \frac{\mu_0}{2\pi} \cdot \sum_{n=1}^{\infty} \left[r^{-n} \cdot \left(\alpha_{2n} \cdot \cos(n\phi) + \beta_{2n} \cdot \sin(n\phi) \right) \right] \tag{22}$$

2.2. Formule de l'induction normale et de l'excitation tangentielle dans les deux milieux

L'induction normale et l'excitation tangentielle (qui, dans un matériau lhi, se déduit directement de l'induction associée) dans chaque milieu s'écrivent :

$$B_r = \frac{1}{r} \frac{\partial A}{\partial \phi} \qquad\qquad H_\phi = -\frac{1}{\mu 0.\mu r} \frac{\partial A}{\partial r} \tag{23}$$

- Dans le milieu 1 :

$$B1(r,\phi)_r = \frac{\mu_0}{2\pi} \cdot \sum_{n=1}^{\infty} \left[n \cdot r^{n-1} \cdot \left(-a_{1n} \cdot \sin(n\phi) + b_{1n} \cdot \cos(n \cdot \phi) \right) \right]$$
$$H1(r,\phi)_\phi = -\frac{1}{2 \cdot \pi \cdot \mu_{r1}} \cdot \sum_{n=1}^{\infty} \left[n \cdot r^{n-1} \cdot \left(a_{1n} \cdot \cos(n\phi) + b_{1n} \cdot \sin(n\phi) \right) \right] \tag{24}$$

- Dans le milieu 2 :

$$B2(r,\phi)_r = \frac{\mu_0}{2\pi} \cdot \sum_{n=1}^{\infty} \left[n \cdot r^{n-1} \cdot \left(-a_{fn} \cdot \sin(n\phi) + b_{fn} \cdot \cos(n\phi) \right) + n \cdot r^{-(n+1)} \cdot \left(-\alpha_{2n} \cdot \sin(n\phi) + \beta_{2n} \cdot \cos(n\phi) \right) \right]$$

$$H2(r,\phi)_\phi = \frac{1}{2\pi \cdot \mu_{r2}} \left[\frac{\alpha_{20}}{r} - \sum_{n=1}^{\infty} \left[n \cdot r^{n-1} \cdot \left(a_{fn} \cdot \cos(n\phi) + b_{fn} \cdot \sin(n\phi) \right) - n \cdot r^{-(n+1)} \cdot \left(\alpha_{2n} \cdot \cos(n\phi) + \beta_{2n} \cdot \sin(n\phi) \right) \right] \right]$$

(25)

2.3. Conditions de continuité

2.3.1. Continuité de l'induction normale et de l'excitation tangentielle

L'excitation tangentielle et l'induction normale doivent être continues au passage de la surface séparant les deux milieux (r = R) :

$$H1(R,\phi)_\phi = H2(R,\phi)_\phi$$

$$B1(R,\phi)_r = B2(R,\phi)_r$$

(26)

En remplaçant les expressions (24) et (25) dans (26), nous déduisons :

$$\alpha_{20} = 0 \qquad \text{(27)}$$

et les égalités suivantes :

$$\frac{1}{\mu_{r1}} \left[R^{n-1} \cdot \left(a_{1n} \cdot \cos(n\phi) + b_{1n} \cdot \sin(n\phi) \right) \right] = \frac{1}{\mu_{r2}} \left[R^{n-1} \cdot \left(a_{fn} \cdot \cos(n\phi) + b_{fn} \cdot \sin(n\phi) \right) - R^{-(n+1)} \cdot \left(\alpha_{2n} \cdot \cos(n\phi) + \beta_{2n} \cdot \sin(n\phi) \right) \right]$$

$$R^{n-1} \cdot \left(-a_{1n} \cdot \sin(n\phi) + b_{1n} \cdot \cos(n \cdot \phi) \right) = R^{n-1} \cdot \left(-a_{fn} \cdot \sin(n\phi) + b_{fn} \cdot \cos(n\phi) \right) + R^{-(n+1)} \cdot \left(-\alpha_{2n} \cdot \sin(n\phi) + \beta_{2n} \cdot \cos(n\phi) \right)$$

(28)

En séparant les termes en $\sin(n\phi)$ et $\cos(n\phi)$, on obtient 4 équations pour trouver les 4 coefficients (a_{1n}, b_{1n}, α_{2n}, β_{2n}) puisque a_{fn} et b_{fn} sont connus dans (21) :

$$\frac{1}{\mu_{r1}} \left(R^{n-1} \cdot a_{1n} \right) = \frac{1}{\mu_{r2}} \left[R^{n-1} \cdot a_{fn} - R^{-(n+1)} \cdot \alpha_{2n} \right]$$

$$R^{n-1} \cdot a_{1n} = R^{n-1} \cdot a_{fn} + R^{-(n+1)} \cdot \alpha_{2n}$$

$$\frac{1}{\mu_{r1}} \left(R^{n-1} \cdot b_{1n} \right) = \frac{1}{\mu_{r2}} \left[R^{n-1} \cdot b_{fn} - R^{-(n+1)} \cdot \beta_{2n} \right]$$

$$R^{n-1} \cdot b_{1n} = R^{n-1} \cdot b_{fn} + R^{-(n+1)} \cdot \beta_{2n}$$

(29)

2.3.2. Continuité du potentiel vecteur

Pour vérifier la continuité du potentiel vecteur au passage de la surface séparant deux milieux. On calcule la variation de potentiel à la surface :

$$A1(R,\phi) - A2(R,\phi) = \frac{\mu_0}{2\pi} \cdot \sum_{n=1}^{\infty} \left[R^n \cdot \left(a_{1n} \cdot \cos(n\phi) + b_{1n} \cdot \sin(n\phi) \right) \right] - \left[\frac{\mu_0}{2\pi} \cdot a_{f0} \cdot \ln(r_f) + \frac{\mu_0}{2\pi} \cdot \sum_{n=1}^{\infty} \left[R^n \cdot \left(a_{fn} \cdot \cos(n\phi) + b_{fn} \cdot \sin(n\phi) \right) \right] \ldots \right. $$
$$\left. + \frac{\mu_0}{2\pi} \cdot \sum_{n=1}^{\infty} \left[R^{-n} \cdot \left(\alpha_{2n} \cdot \cos(n\phi) + \beta_{2n} \cdot \sin(n\phi) \right) \right] \right] \tag{30}$$

A l'aide des relations entre les coefficients exprimées dans (29) et de l'égalité (27), on trouve bien que :

$$A1(R,\phi) - A2(R,\phi) = \frac{\mu 0}{2\pi} \cdot a_{f0} \cdot \ln(r_f) \tag{31}$$

Pour obtenir la continuité de A au passage de la surface séparant les deux milieux, il suffit d'ajouter cette constante d'un côté ou de l'autre ou de la répartir. Le potentiel dans 2 régions se réécrit :

$$A1(r,\phi) = \frac{\mu_0}{2\pi} \cdot \sum_{n=1}^{\infty} \left[r^n \cdot \left(a_{1n} \cdot \cos(n\phi) + b_{1n} \cdot \sin(n\phi) \right) \right]$$

$$A2(r,\phi) = \frac{\mu_0}{2\pi} \cdot \sum_{n=1}^{\infty} \left[r^n \cdot \left(a_{fn} \cdot \cos(n\phi) + b_{fn} \cdot \sin(n\phi) \right) \right] + \frac{\mu_0}{2\pi} \cdot \sum_{n=1}^{\infty} \left[r^{-n} \cdot \left(\alpha_{2n} \cdot \cos(n\phi) + \beta_{2n} \cdot \sin(n\phi) \right) \right] \tag{32}$$

2.4. Résolution des équations

Pour trouver les coefficients (a_{1n}, α_{2n}), on résout les deux premières équations de (29). C'est un système de deux équations et deux variables, donc sa solution est trouvée aisément quand le coefficient a_{fn} est connu dans (21) :

$$a_{1n} = \frac{2 \cdot \mu_{r1}}{\mu_{r1} + \mu_{r2}} \cdot \frac{\mu_{r2} \cdot I_f}{n \cdot (r_f)^n} \cdot \cos\left(n \cdot \phi_f\right) = t_{21} \cdot \frac{\mu_{r2} \cdot I_f}{n \cdot (r_f)^n} \cdot \cos\left(n \cdot \phi_f\right)$$

$$\alpha_{2n} = \frac{\mu_{r1} - \mu_{r2}}{\mu_{r1} + \mu_{r2}} \cdot R^{2n} \cdot \frac{\mu_{r2} \cdot I_f}{n \cdot (r_f)^n} \cdot \cos\left(n \cdot \phi_f\right) = r_{21} \cdot \frac{\mu_{r2} \cdot I_f \cdot (r_0)^n}{n} \cdot \cos\left(n \cdot \phi_f\right) \tag{33}$$

Avec :

$$r_{21} = \frac{\mu_{r1} - \mu_{r2}}{\mu_{r1} + \mu_{r2}} \qquad t_{21} = \frac{2 \cdot \mu_{r1}}{\mu_{r1} + \mu_{r2}} \qquad r_0 = \frac{R^2}{r_f} \qquad (34)$$

De même façon, on trouve les coefficients (b_{1n}, β_{2n}) :

$$b_{1n} = t_{21} \cdot \frac{\mu_{r2} \cdot I_f}{n \cdot (r_f)^n} \cdot \sin(n \cdot \phi_f)$$

$$\beta_{2n} = r_{21} \cdot \frac{\mu_{r2} \cdot I_f \cdot (r_0)^n}{n} \cdot \sin(n \cdot \phi_f) \qquad (35)$$

2.5. Expression finale du potentiel vecteur dans les deux milieux

Remplaçons les coefficients (a_{1n}, b_{1n}, α_{2n}, β_{2n}) trouvés au dessus dans l'expression des potentiels vecteurs (32), et remarquons que :

$$\cos(n \cdot \phi) \cdot \cos(n \cdot \phi f) + \sin(n \cdot \phi) \cdot \sin(n \cdot \phi f) = \cos[n \cdot (\phi - \phi f)] \qquad (36)$$

On obtient les expressions des potentiels vecteurs dans les deux milieux :

$$A1(r, \phi) = \frac{\mu_0}{2\pi} \cdot \mu_{r2} \cdot I_f \cdot t_{21} \cdot \sum_{n=1}^{\infty} \left[\frac{1}{n} \cdot \left(\frac{r}{r_f} \right)^n \cdot \cos\left[n \cdot \left(\phi - \phi_f \right) \right] \right]$$

$$A2(r, \phi) = \frac{\mu_0}{2\pi} \cdot \mu_{r2} \cdot I_f \cdot \sum_{n=1}^{\infty} \left[\frac{1}{n} \cdot \left(\frac{r}{r_f} \right)^n \cdot \cos\left[n \cdot \left(\phi - \phi_f \right) \right] \right] + \frac{\mu_0}{2\pi} \cdot \mu_{r2} \cdot I_f \cdot r_{21} \cdot \sum_{n=1}^{\infty} \left[\frac{1}{n} \cdot \left(\frac{r_0}{r} \right)^n \cdot \cos\left[n \cdot \left(\phi - \phi_f \right) \right] \right]$$

$$(37)$$

Grâce aux deux transformations de Chebyshev :

$$\sum_{n=1}^{\infty} \left[\frac{1}{n} \cdot \left(\frac{r}{r_f} \right)^n \cdot \cos\left[n \cdot \left(\phi - \phi_f \right) \right] \right] = \frac{1}{2} \cdot \ln \left[\frac{(r_f)^2}{(r_f)^2 - 2 \cdot r_f \cdot r \cdot \cos\left(\phi - \phi_f \right) + r^2} \right]$$

$$(38)$$

$$\sum_{n=1}^{\infty} \left[\frac{1}{n} \cdot \left(\frac{r_0}{r} \right)^n \cdot \cos\left[n \cdot \left(\phi - \phi_f \right) \right] \right] = \frac{1}{2} \cdot \ln \left[\frac{r^2}{(r_0)^2 - 2 \cdot r_0 \cdot r \cdot \cos\left(\phi - \phi_f \right) + r^2} \right]$$

On a au final l'expression du potentiel vecteur dans les deux milieux :

$$A1(r,\phi) = \frac{\mu_0}{4\pi} \cdot \mu_{r2} \cdot I_f \cdot t_{21} \cdot \ln\left[\frac{(r_f)^2}{(r_f)^2 - 2 \cdot r_f \cdot r \cdot \cos(\phi - \phi_f) + r^2}\right]$$

$$A2(r,\phi) = \frac{\mu_0}{4\pi} \cdot \mu_{r2} \cdot I_f \cdot \ln\left[\frac{(r_f)^2}{(r_f)^2 - 2 \cdot r_f \cdot r \cdot \cos(\phi - \phi_f) + r^2}\right] + \frac{\mu_0}{4\pi} \cdot \mu_{r2} \cdot I_f \cdot r_{21} \cdot \ln\left[\frac{r^2}{(r_0)^2 - 2 \cdot r_0 \cdot r \cdot \cos(\phi - \phi_f) + r^2}\right]$$

(39)

Annexe 2

Calcul du champ magnétostatique créé par deux fils rectilignes sur un tore magnétique

1.   Introduction

Considérons un système composé deux fils fins conducteurs et plus d'un tore. Une section droite du système est présentée sur la Figure 1. Les deux fils sont placés respectivement en (r_{f1}, ϕ_{f1}) et (r_{f2}, ϕ_{f2}), l'un à l'intérieur et l'autre à l'extérieur du tore. R_1 et R_2 sont les rayons intérieur et extérieur du tore. Les fils fins sont parcourus par des courants I_{f1} et I_{f2}. Le tore divise le plan en 3 régions 1,2 et 3 qui ont des perméabilités relatives μ_{r1}, μ_{r2}, μ_{r3}. Le but est alors de calculer le champ dans ce système.

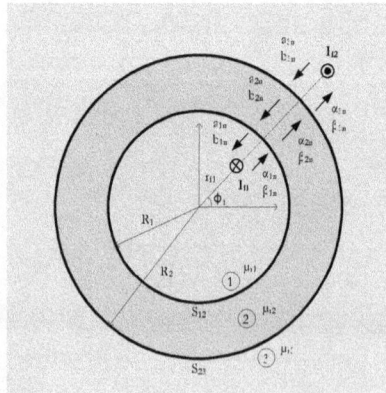

Figure 1 : Géométrie pour le calcul analytique composée d'un tore et de deux fils cylindriques

176

2. Formule du potentiel vecteur dans les trois régions

2.1. Potentiel vecteur dans la région 1

Dans la région 1, à l'intérieur du tore, parcourue par un courant I_{f1}, le potentiel vecteur est la solution de l'équation de Poisson. La solution de cette équation est la somme de la solution générale de l'équation de Laplace connue dans [(10)-Annexe 1] et une solution particulière associée à un courant filiforme, celle-ci est le potentiel émis par le fil 1. Nous appliquons la même démarche de calcul dans [§2.1.2-Annexe 1], le potentiel vecteur dans la région 1 est donnée par :

$$A1(r,\phi) = \frac{\mu_0}{2\cdot\pi}\cdot\alpha_{10}\cdot\ln(r) + \frac{\mu_0}{2\pi}\cdot\sum_{n=1}^{\infty}\left[r^n\cdot\left(a_{1n}\cdot\cos(n\phi) + b_{1n}\cdot\sin(n\phi)\right)\right]\dots$$
$$+ \frac{\mu_0}{2\cdot\pi}\cdot\sum_{n=1}^{\infty}\left[r^{-n}\cdot\left(\alpha_{1n}\cdot\cos(n\cdot\phi) + \beta_{1n}\cdot\sin(n\cdot\phi)\right)\right] \tag{1}$$

Avec :

$$\alpha_{10} = \mu_{r1}\cdot I_{f1} \qquad \alpha_{1n} = \frac{\mu_{r1}\cdot I_{f1}\cdot\left(r_{f1}\right)^n}{n}\cdot\cos\left(n\cdot\phi_{f1}\right) \qquad \beta_{1n} = \frac{\mu_{r1}\cdot I_{f1}\cdot\left(r_{f1}\right)^n}{n}\cdot\sin\left(n\cdot\phi_{f1}\right) \tag{2}$$

2.2. Potentiel vecteur dans la région 2

Dans la région 2, une couronne cylindrique, non parcourue par des courants, le potentiel est la solution de l'équation de Laplace et il combine les deux types de solutions de [(9) et (10)-Annexe 1] :

$$A2(r,\phi) = \frac{\mu_0}{2\pi}\cdot\alpha_{20}\cdot\ln(r) + \frac{\mu_0}{2\pi}\cdot\sum_{n=1}^{\infty}\left[r^{-n}\cdot\left(\alpha_{2n}\cdot\cos(n\phi) + \beta_{2n}\cdot\sin(n\phi)\right)\right]\dots$$
$$+ \frac{\mu_0}{2\pi}\cdot\sum_{n=1}^{\infty}\left[r^n\cdot\left(a_{2n}\cdot\cos(n\phi) + b_{2n}\cdot\sin(n\phi)\right)\right] \tag{3}$$

2.3. Potentiel vecteur dans la région 3

Dans la région 3, à l'extérieur du tore, parcourue par un courant I_{f2}. Ce cas d'étude est traité dans [§2.1.2-Annexe 1], nous donnons alors l'expression finale du potentiel vecteur dans la région 3 :

$$A3(r,\phi) = \frac{\mu_0}{2 \cdot \pi} \cdot \left(a_{30} \cdot \ln\left(r_{f2}\right) + \alpha_{30} \cdot \ln(r)\right) + \frac{\mu_0}{2 \cdot \pi} \cdot \sum_{n=1}^{\infty} \left[r^n \cdot \left(a_{3n} \cdot \cos(n \cdot \phi) + b_{3n} \cdot \sin(n \cdot \phi)\right)\right] \dots$$

$$+ \frac{\mu_0}{2\pi} \cdot \sum_{n=1}^{\infty} \left[r^{-n} \cdot \left(\alpha_{3n} \cdot \cos(n\phi) + \beta_{3n} \cdot \sin(n\phi)\right)\right] \tag{4}$$

Avec :

$$a_{30} = \mu_{r3} \cdot I_{f2} \qquad a_{3n} = \frac{\mu_{r3} \cdot I_{f2}}{n \cdot \left(r_{f2}\right)^n} \cdot \cos\left(n \cdot \phi_{f2}\right) \qquad b_{3n} = \frac{\mu_{r3} \cdot I_{f2}}{n \cdot \left(r_{f2}\right)^n} \cdot \sin\left(n \cdot \phi_{f2}\right) \tag{5}$$

3. Formule de l'induction normale et de l'excitation tangentielle dans les trois régions

L'induction normale et l'excitation tangentielle (qui, dans un matériau lhi, se déduit directement de l'induction associée) dans chaque région s'écrivent respectivement :

$$B_r = \frac{1}{r} \frac{\partial A}{\partial \phi} \qquad\qquad H_\phi = -\frac{1}{\mu 0, \mu r} \frac{\partial A}{\partial r} \tag{6}$$

- Dans régions 1 :

$$B1(r,\phi)_r = \frac{\mu_0}{2\pi} \cdot \sum_{n=1}^{\infty} \left[n \cdot r^{n-1} \cdot \left(-a_{1n} \cdot \sin(n\phi) + b_{1n} \cdot \cos(n \cdot \phi)\right) + n \, r^{-(n+1)} \cdot \left(-\alpha_{1n} \cdot \cos(n \cdot \phi) + \beta_{1n} \cdot \sin(n \cdot \phi)\right)\right]$$

$$H1(r,\phi)_\phi = \frac{1}{2 \cdot \pi \cdot \mu_{r1}} \cdot \left[\frac{\alpha_{10}}{r} - \sum_{n=1}^{\infty} \left[n \cdot r^{n-1} \cdot \left(a_{1n} \cdot \cos(n\phi) + b_{1n} \cdot \sin(n\phi)\right) - n \cdot r^{-(n+1)} \cdot \left(\alpha_{1n} \cdot \cos(n\phi) + \beta_{1n} \cdot \sin(n \cdot \phi)\right)\right]\right] \tag{7}$$

- Dans la région 2 :

$$B2(r,\phi)_r = \frac{\mu_0}{2\pi} \cdot \sum_{n=1}^{\infty} \left[n \cdot r^{n-1} \cdot \left(-a_{2n} \cdot \sin(n\phi) + b_{2n} \cdot \cos(n \cdot \phi)\right) + n \, r^{-(n+1)} \cdot \left(-\alpha_{2n} \cdot \cos(n \cdot \phi) + \beta_{2n} \cdot \sin(n \cdot \phi)\right)\right]$$

$$H2(r,\phi)_\phi = \frac{1}{2 \cdot \pi \cdot \mu_{r2}} \cdot \left[\frac{\alpha_{20}}{r} - \sum_{n=1}^{\infty} \left[n \cdot r^{n-1} \cdot \left(a_{2n} \cdot \cos(n\phi) + b_{2n} \cdot \sin(n\phi)\right) - n \cdot r^{-(n+1)} \cdot \left(\alpha_{2n} \cdot \cos(n\phi) + \beta_{2n} \cdot \sin(n\phi)\right)\right]\right] \tag{8}$$

- Dans la région 3 :

$$B3(r,\phi)_r = \frac{\mu_0}{2\pi} \cdot \sum_{n=1}^{\infty} \left[n \cdot r^{n-1} \cdot \left(-a_{3n} \cdot \sin(n\phi) + b_{3n} \cdot \cos(n \cdot \phi) \right) + n \cdot r^{-(n+1)} \cdot \left(-\alpha_{3n} \cdot \cos(n \cdot \phi) + \beta_{3n} \cdot \sin(n \cdot \phi) \right) \right]$$

$$H3(r,\phi)_\phi = \frac{1}{2 \cdot \pi \cdot \mu_{r3}} \left[\frac{\alpha_{30}}{r} - \sum_{n=1}^{\infty} \left[n \cdot r^{n-1} \cdot \left(a_{3n} \cdot \cos(n\phi) + b_{3n} \cdot \sin(n\phi) \right) - n \cdot r^{-(n+1)} \cdot \left(\alpha_{3n} \cdot \cos(n\phi) + \beta_{3n} \cdot \sin(n\phi) \right) \right] \right]$$

(9)

4. Conditions de continuité

4.1. Continuité de l'induction normale et de l'excitation tangentielle

Au passage des deux surfaces s_{12} $(r=R_1)$ et s_{23} $(r=R_2)$, l'excitation tangentielle et l'induction normale doivent être continues :

- A la surface s_{12} $(r=R_1)$:

$$H1(R_1,\phi)_\phi = H2(R_1,\phi)_\phi$$
$$B1(R_1,\phi)_r = B2(R_1,\phi)_r$$

(10)

- A la surface s_{23} $(r=R_2)$:

$$H2(R_2,\phi)_\phi = H3(R_2,\phi)_\phi$$
$$B2(R_2,\phi)_r = B3(R_2,\phi)_r$$

(11)

En remplaçant les expressions (24), (25) et (9) dans (26) et (11), nous déduisons :

$$\alpha_{20} = \frac{\mu_{r2}}{\mu_{r1}} \cdot \alpha_{10} \qquad \text{et} \qquad \alpha_{30} = \frac{\mu_{r3}}{\mu_{r1}} \cdot \alpha_{10} \qquad \text{avec } \alpha_{10} \text{ est connu dans (2)}$$

(12)

En séparant les termes en $\sin(n\phi)$ et $\cos(n\phi)$ dans les égalités obtenues à l'aide des relations (26) et (11) on obtient 8 équations pour trouver les 8 coefficients $(a_{1n}, b_{1n}, a_{2n}, b_{2n}, \alpha_{2n}, \beta_{2n}, \alpha_{3n}, \beta_{3n})$ puisque $(\alpha_{1n}, \beta_{1n})$ et (a_{3n}, b_{3n}) sont connus dans (2) et (5) :

$$\frac{1}{\mu_{r1}} \cdot \left[(R_1)^{n-1} \cdot a_{1n} - (R_1)^{-(n+1)} \cdot \alpha_{1n} \right] = \frac{1}{\mu_{r2}} \cdot \left[(R_1)^{n-1} \cdot a_{2n} - (R_1)^{-(n+1)} \cdot \alpha_{2n} \right]$$

$$(R_1)^{n-1} \cdot a_{1n} + (R_1)^{-(n+1)} \cdot \alpha_{1n} = (R_1)^{n-1} \cdot a_{2n} + (R_1)^{-(n+1)} \cdot \alpha_{2n}$$

$$\frac{1}{\mu_{r2}} \cdot \left[(R_2)^{n-1} \cdot a_{2n} - (R_2)^{-(n+1)} \cdot \alpha_{2n} \right] = \frac{1}{\mu_{r3}} \cdot \left[(R_2)^{n-1} \cdot a_{3n} - (R_2)^{-(n+1)} \cdot \alpha_{3n} \right]$$

$$(R_2)^{n-1} \cdot a_{2n} + (R_2)^{-(n+1)} \cdot \alpha_{2n} = (R_2)^{n-1} \cdot a_{3n} + (R_2)^{-(n+1)} \cdot \alpha_{3n}$$

$$\frac{1}{\mu_{r1}} \cdot \left[(R_1)^{n-1} \cdot b_{1n} - (R_1)^{-(n+1)} \cdot \beta_{1n} \right] = \frac{1}{\mu_{r2}} \cdot \left[(R_1)^{n-1} \cdot b_{2n} - (R_1)^{-(n+1)} \cdot \beta_{2n} \right]$$

$$(R_1)^{n-1} \cdot b_{1n} + (R_1)^{-(n+1)} \cdot \beta_{1n} = (R_1)^{n-1} \cdot b_{2n} + (R_1)^{-(n+1)} \cdot \beta_{2n}$$

$$\frac{1}{\mu_{r2}} \cdot \left[(R_2)^{n-1} \cdot b_{2n} - (R_2)^{-(n+1)} \cdot \beta_{2n} \right] = \frac{1}{\mu_{r3}} \cdot \left[(R_2)^{n-1} \cdot b_{3n} - (R_2)^{-(n+1)} \cdot \beta_{3n} \right]$$

$$(R_2)^{n-1} \cdot b_{2n} + (R_2)^{-(n+1)} \cdot \beta_{2n} = (R_2)^{n-1} \cdot b_{3n} + (R_2)^{-(n+1)} \cdot \beta_{3n}$$

(13)

4.2. Continuité du potentiel vecteur

Pour vérifier la continuité du potentiel vecteur au passage des surfaces S_{12} et S_{23} séparant les trois régions, nous appliquons la même démarche de calcul dans [§2.3.2-Annexe 1]. Nous obtenons alors :

- A la surface s_{12} ($r = R_1$) :

$$A1(R_1, \phi) - A2(R_1, \phi) = \frac{\mu_0 \cdot I_{f1}}{2 \cdot \pi} \cdot (\mu_{r2} - \mu_{r1}) \cdot \ln(R_1)$$

(14)

- A la surface s_{23} ($r = R_2$) :

$$A2(R_2, \phi) - A3(R_2, \phi) = \frac{\mu_0 \cdot \mu_{r3} \cdot I_{f2}}{2 \cdot \pi} \cdot \ln(r_{f2}) + \frac{\mu_0 \cdot I_{f1}}{2\pi} \cdot \left(\mu_{r3} \cdot \ln(R_2) - \mu_{r2} \cdot \ln\left(\frac{R_2}{R_1} \right) \right)$$

(15)

Pour obtenir la continuité du potentiel au passage des surfaces s_{12} et s_{23} et, il suffit d'ajouter les constantes dans (14) et (15) d'un côté ou de l'autre ou de les répartir. Les potentiels dans les trois régions 1, 2 et 3 se réécrivent :

$$A1(r,\phi) = -\frac{\mu_0}{2\cdot\pi}\cdot\alpha_{10}\cdot\ln\left(\frac{r}{R_1}\right) + \frac{\mu_0}{2\pi}\cdot\sum_{n=1}^{\infty}\left[r^n\cdot\left(a_{1n}\cdot\cos(n\phi) + b_{1n}\cdot\sin(n\phi)\right)\right]\dots$$
$$+\frac{\mu_0}{2\cdot\pi}\cdot\sum_{n=1}^{\infty}\left[r^{-n}\cdot\left(\alpha_{1n}\cdot\cos(n\cdot\phi) + \beta_{1n}\cdot\sin(n\cdot\phi)\right)\right] \tag{16}$$

$$A2(r,\phi) = -\frac{\mu_0}{2\pi}\cdot\alpha_{20}\cdot\ln\left(\frac{r}{R_1}\right) + \frac{\mu_0}{2\pi}\cdot\sum_{n=1}^{\infty}\left[r^n\cdot\left(a_{2n}\cdot\cos(n\phi) + b_{2n}\cdot\sin(n\phi)\right)\right]\dots$$
$$+\frac{\mu_0}{2\pi}\cdot\sum_{n=1}^{\infty}\left[r^{-n}\cdot\left(\alpha_{2n}\cdot\cos(n\phi) + \beta_{2n}\cdot\sin(n\phi)\right)\right] \tag{17}$$

$$A3(r,\phi) = -\frac{\mu_0}{2\cdot\pi}\cdot\left(\alpha_{20}\cdot\ln\left(\frac{R_2}{R_1}\right) + \alpha_{30}\cdot\ln\left(\frac{r}{R_2}\right)\right) + \frac{\mu_0}{2\cdot\pi}\cdot\sum_{n=1}^{\infty}\left[r^n\cdot\left(a_{3n}\cdot\cos(n\cdot\phi) + b_{3n}\cdot\sin(n\cdot\phi)\right)\right]\dots$$
$$+\frac{\mu_0}{2\pi}\cdot\sum_{n=1}^{\infty}\left[r^{-n}\cdot\left(\alpha_{3n}\cdot\cos(n\phi) + \beta_{3n}\cdot\sin(n\phi)\right)\right] \tag{18}$$

5. Résolution des équations

5.1. Recherche de solution

Pour trouver les coefficients $(a_{1n}, a_{2n}, \alpha_{2n}, \alpha_{3n})$, on résout les 4 premières équations de (29). C'est un système de 4 équations et 4 variables, donc sa solution est sans difficulté quand les coefficients α_{1n} et a_{3n} est connu dans (2) et (5) :

$$a_{1n} = \frac{\alpha_{1n}\cdot\left[\frac{A2}{A1}\cdot\left(\mu_{r2} - \mu_{r1}\right)\cdot\left(\mu_{r2} + \mu_{r3}\right) - \left(\mu_{r1} + \mu_{r2}\right)\cdot\left(\mu_{r2} - \mu_{r3}\right)\right] + 4\cdot A2\cdot\mu_{r1}\cdot\mu_{r2}\cdot a_{3n}}{A2\cdot\left(\mu_{r2} + \mu_{r1}\right)\cdot\left(\mu_{r2} + \mu_{r1}\right) - A1\cdot\left(\mu_{r2} - \mu_{r1}\right)\cdot\left(\mu_{r2} - \mu_{r1}\right)}$$

$$a_{2n} = 2\cdot\mu_{r2}\cdot\frac{A2\cdot a_{3n}\cdot\left(\mu_{r2} + \mu_{r1}\right) - \alpha_{1n}\cdot\left(\mu_{r2} - \mu_{r3}\right)}{A2\cdot\left(\mu_{r2} + \mu_{r1}\right)\cdot\left(\mu_{r2} + \mu_{r1}\right) - A1\cdot\left(\mu_{r2} - \mu_{r1}\right)\cdot\left(\mu_{r2} - \mu_{r1}\right)}$$

$$\alpha_{2n} = 2\cdot\mu_{r2}\cdot A2\cdot\frac{\alpha_{1n}\cdot\left(\mu_{r2} + \mu_{r3}\right) - A1\cdot a_{3n}\cdot\left(\mu_{r2} - \mu_{r1}\right)}{A2\cdot\left(\mu_{r2} + \mu_{r1}\right)\cdot\left(\mu_{r2} + \mu_{r1}\right) - A1\cdot\left(\mu_{r2} - \mu_{r1}\right)\cdot\left(\mu_{r2} - \mu_{r1}\right)}$$

$$\alpha_{3n} = A2\cdot\frac{a_{3n}\cdot\left[A2\cdot\left(\mu_{r2} + \mu_{r1}\right)\cdot\left(\mu_{r2} - \mu_{r3}\right) - A1\cdot\left(\mu_{r2} - \mu_{r1}\right)\cdot\left(\mu_{r2} + \mu_{r3}\right)\right] + 4\cdot\mu_{r2}\cdot\mu_{r3}\cdot\alpha_{1n}}{A2\cdot\left(\mu_{r2} + \mu_{r1}\right)\cdot\left(\mu_{r2} + \mu_{r1}\right) - A1\cdot\left(\mu_{r2} - \mu_{r1}\right)\cdot\left(\mu_{r2} - \mu_{r1}\right)}$$

(19)

Où :

$$A1 = \left(R_1\right)^{2\cdot n} \qquad\qquad A2 = \left(R_2\right)^{2\cdot n} \tag{20}$$

De même façon, on trouve les coefficients $(b_{1n}, b_{2n}, \beta_{2n}, \beta_{3n})$:

$$b_{1n} = \frac{\beta_{1n}\left[\frac{A2}{A1}\cdot(\mu_{r2}-\mu_{r1})\cdot(\mu_{r2}+\mu_{r3}) - (\mu_{r1}+\mu_{r2})\cdot(\mu_{r2}-\mu_{r3})\right] + 4\cdot A2\cdot\mu_{r1}\cdot\mu_{r2}\cdot b_{3n}}{A2\cdot(\mu_{r2}+\mu_{r1})\cdot(\mu_{r2}+\mu_{r1}) - A1\cdot(\mu_{r2}-\mu_{r1})\cdot(\mu_{r2}-\mu_{r1})}$$

$$b_{2n} = 2\cdot\mu_{r2}\cdot\frac{A2\cdot b_{3n}\cdot(\mu_{r2}+\mu_{r1}) - \beta_{1n}\cdot(\mu_{r2}-\mu_{r3})}{A2\cdot(\mu_{r2}+\mu_{r1})\cdot(\mu_{r2}+\mu_{r1}) - A1\cdot(\mu_{r2}-\mu_{r1})\cdot(\mu_{r2}-\mu_{r1})}$$

$$\beta_{2n} = 2\cdot\mu_{r2}\cdot A2\cdot\frac{\beta_{1n}\cdot(\mu_{r2}+\mu_{r3}) - A1\cdot b_{3n}\cdot(\mu_{r2}-\mu_{r1})}{A2\cdot(\mu_{r2}+\mu_{r1})\cdot(\mu_{r2}+\mu_{r1}) - A1\cdot(\mu_{r2}-\mu_{r1})\cdot(\mu_{r2}-\mu_{r1})}$$

$$\beta_{3n} = A2\cdot\frac{b_{3n}\cdot\left[A2\cdot(\mu_{r2}+\mu_{r1})\cdot(\mu_{r2}-\mu_{r3}) - A1\cdot(\mu_{r2}-\mu_{r1})\cdot(\mu_{r2}+\mu_{r3})\right] + 4\cdot\mu_{r2}\cdot\mu_{r3}\cdot\beta_{1n}}{A2\cdot(\mu_{r2}+\mu_{r1})\cdot(\mu_{r2}+\mu_{r1}) - A1\cdot(\mu_{r2}-\mu_{r1})\cdot(\mu_{r2}-\mu_{r1})}$$

(21)

5.2. Simplification des coefficients

On constate que les coefficients trouvés dans (19) sont encore compliqués, on cherche alors à les simplifier, premièrement, pour le coefficient a_{1n}. En divisant le numérateur et le dénominateur par $A2(\mu_{r2}+\mu_{r1})(\mu_{r2}+\mu_{r3})$, on obtient alors :

$$a_{1n} = \frac{\alpha_{1n}\left[\frac{1}{A1}\cdot\frac{(\mu_{r2}-\mu_{r1})}{(\mu_{r2}+\mu_{r1})} - \frac{1}{A2}\cdot\frac{(\mu_{r2}-\mu_{r3})}{(\mu_{r2}+\mu_{r3})}\right] + \frac{4\cdot\mu_{r1}\cdot\mu_{r2}}{(\mu_{r2}+\mu_{r1})\cdot(\mu_{r2}+\mu_{r3})}\cdot a_{3n}}{1 - \frac{A1}{A2}\cdot\frac{(\mu_{r2}-\mu_{r1})\cdot(\mu_{r2}-\mu_{r3})}{(\mu_{r2}+\mu_{r1})\cdot(\mu_{r2}+\mu_{r3})}}$$

(22)

En posant :

- $r_{ij} = \frac{\mu_{rj}-\mu_{ri}}{\mu_{rj}+\mu_{ri}}$ est le coefficient de réflexion du milieu j vers le milieu i

- $t_{ij} = \frac{2\mu_{rj}}{\mu_{rj}+\mu_{ri}}$ est le coefficient de transmission du milieu i vers le milieu j

Par ces définitions, nous constatons bien que $r_{ij} = -r_{ji}$ et $r_{ij}+1 = t_{ij}$. L'expression (22) devient :

$$a_{1n} = \frac{\alpha_{1n}\cdot\left(\frac{r_{12}}{A1} + \frac{r_{23}}{A2}\right) + t_{21}\cdot t_{32}\cdot a_{3n}}{1 - \frac{A1}{A2}\cdot r_{12}\cdot r_{32}}$$

(23)

Dans cette expression, il apparaît une fraction qu'il est intéressant de considérer comme la somme d'une série géométrique :

$$\frac{1}{1 - \frac{A1}{A2} \cdot r_{12} \cdot r_{32}} = \sum_{m=0}^{\infty} \left(r_{12} \cdot r_{32} \cdot \frac{A1}{A2} \right)^m \tag{24}$$

En remplaçant (24) dans (23) :

$$a_{1n} = \sum_{m=0}^{\infty} \left[\left(r_{12} \cdot r_{32} \right)^m \cdot r_{12} \cdot \frac{A1^{m-1}}{A2^m} \cdot \alpha_{1n} + \left(r_{12} \cdot r_{32} \right)^m \cdot r_{23} \cdot \frac{A1^m}{A2^{m+1}} \cdot \alpha_{1n} + \left(r_{12} \cdot r_{32} \right)^m \cdot t_{21} \cdot t_{32} \cdot \frac{A1^m}{A2^m} \cdot a_{3n} \right] \tag{25}$$

Pour les autres coefficients, la démarche de simplification est la même. Par exemple, nous déduisons sans difficulté l'expression du coefficient b_{1n} grâce à son identité avec a_{1n} :

$$b_{1n} = \sum_{m=0}^{\infty} \left[\left(r_{12} \cdot r_{32} \right)^m \cdot r_{12} \cdot \frac{A1^{m-1}}{A2^m} \cdot \beta_{1n} + \left(r_{12} \cdot r_{32} \right)^m \cdot r_{23} \cdot \frac{A1^m}{A2^{m+1}} \cdot \beta_{1n} + \left(r_{12} \cdot r_{32} \right)^m \cdot t_{21} \cdot t_{32} \cdot \frac{A1^m}{A2^m} \cdot b_{3n} \right] \tag{26}$$

6. Expression finale du potentiel vecteur dans les trois régions

6.1. Expression finale du potentiel vecteur dans la région 1

Pour savoir le potentiel vecteur dans la région 1, il faut évaluer la somme en facteur r^n dans (16). Nous établions d'abord le premier terme de cette somme en $\cos(n\phi)$:

$$\sum_{n=1}^{\infty} \left(r^n \cdot a_{1n} \cdot \cos(n \cdot \phi) \right) = \sum_{n=1}^{\infty} \left[r^n \cdot \cos(n\phi) \cdot \sum_{m=0}^{\infty} \left[\left(r_{12} \cdot r_{32} \right)^m \cdot r_{12} \cdot \frac{A1^{m-1}}{A2^m} \cdot \alpha_{1n} \cdots \right. \right. \\ \left. \left. + \left[\left(r_{12} \cdot r_{32} \right)^m \cdot r_{23} \cdot \frac{A1^m}{A2^{m+1}} \cdot \alpha_{1n} + \left(r_{12} \cdot r_{32} \right)^m \cdot t_{21} \cdot t_{32} \cdot \frac{A1^m}{A2^m} \cdot a_{3n} \right] \right] \right] \tag{27}$$

Pour simplifier, en basant sur l'égalité (28), nous calculons respectivement chaque terme dans la somme (27).

$$\sum_{n} \left(\sum_{m} A \right) = \sum_{m} \left(\sum_{n} A \right) \tag{28}$$

A l'aide des relations (20), et en posant :

$$R_{f11} = \left(\frac{R_2}{R_1}\right)^{2m} \cdot \frac{(R_1)^2}{r_{f1}} \tag{29}$$

nous obtenons l'expression du 1er terme dans la somme (27) :

$$\sum_{n=1}^{\infty} \left[(r_{12}\cdot r_{32})^m \cdot r_{12} \cdot \frac{A1^{m-1}}{A2^m} \cdot \alpha_{1n} \cdot r^n \cdot \cos(n\cdot\phi) \right] = (\mu_{r1}\cdot I_{f1}) \cdot r_{12} \cdot (r_{12}\cdot r_{32})^m \cdot \sum_{n=1}^{\infty} \left[\frac{1}{n} \cdot \left(\frac{r}{R_{f11}}\right)^n \cdot \cos(n\cdot\phi_{f1}) \cdot \cos(n\cdot\phi) \right] \tag{30}$$

La démarche de calcul est la même pour les autres termes, nous donnons ici ses expressions finales :

$$\sum_{n=1}^{\infty} \left[(r_{12}\cdot r_{32})^m \cdot r_{23} \cdot \frac{A1^m}{A2^{m+1}} \cdot \alpha_{1n} \cdot r^n \cdot \cos(n\cdot\phi) \right] = (\mu_{r1}\cdot I_{f1}) \cdot r_{23} \cdot (r_{12}\cdot r_{32})^m \cdot \sum_{n=1}^{\infty} \left[\frac{1}{n} \cdot \left(\frac{r}{R_{f12}}\right)^n \cdot \cos(n\cdot\phi_{f1}) \cdot \cos(n\cdot\phi) \right]$$

$$\sum_{n=1}^{\infty} \left[(r_{12}\cdot r_{32})^m \cdot t_{21} \cdot t_{32} \cdot \frac{A1^m}{A2^m} \cdot a_{3n} \cdot r^n \cdot \cos(n\cdot\phi) \right] = (\mu_{r3}\cdot I_{f2}) \cdot (t_{32}\cdot t_{21}) \cdot (r_{12}\cdot r_{32})^m \cdot \sum_{n=1}^{\infty} \left[\frac{1}{n} \cdot \left(\frac{r}{R_{f2}}\right)^n \cdot \cos(n\cdot\phi_{f2}) \cdot \cos(n\cdot\phi) \right] \tag{31}$$

Avec :

$$R_{f12} = \left(\frac{R_2}{R_1}\right)^{2m} \cdot \frac{(R_2)^2}{r_{f1}} \qquad R_{f2} = \left(\frac{R_2}{R_1}\right)^{2m} \cdot r_{f2} \tag{32}$$

Le terme en $r^n a_{1n} \cos(n\phi)$ est alors donné par l'expression :

$$\sum_{n=1}^{\infty} \left(r^n \cdot a_{1n} \cdot \cos(n\cdot\phi) \right) = \sum_{m=0}^{\infty} \left[(r_{12}\cdot r_{32})^m \left[(\mu_{r1}\cdot I_{f1}) \cdot r_{12} \cdot \sum_{n=1}^{\infty} \left[\frac{1}{n} \cdot \left(\frac{r}{R_{f11}}\right)^n \cdot \cos(n\cdot\phi_{f1}) \cdot \cos(n\cdot\phi) \right] \cdots \right. \right.$$
$$+ (\mu_{r1}\cdot I_{f1}) \cdot r_{23} \cdot \sum_{n=1}^{\infty} \left[\frac{1}{n} \cdot \left(\frac{r}{R_{f12}}\right)^n \cdot \cos(n\cdot\phi_{f1}) \cdot \cos(n\cdot\phi) \right] \cdots$$
$$\left. \left. + (\mu_{r3}\cdot I_{f2}) \cdot (\mu_{r3}\cdot I_{f2}) \cdot \sum_{n=1}^{\infty} \left[\frac{1}{n} \cdot \left(\frac{r}{R_{f2}}\right)^n \cdot \cos(n\cdot\phi_{f2}) \cdot \cos(n\cdot\phi) \right] \right] \right] \tag{33}$$

Le terme en $r^n b_{1n} \sin(n\phi)$ est déduit sans difficulté de l'expression (33) en remplaçant les *cos(...)* par les *sin(...)*, et à l'aide des transformations de Chebyshev (34) :

$$\sum_{n=1}^{\infty}\left[\frac{1}{n}\cdot\left(\frac{r}{R_{f11}}\right)^n\cdot\cos\left[n\cdot\left(\phi-\phi_{f1}\right)\right]\right]=\frac{1}{2}\cdot\ln\left[\frac{\left(R_{f11}\right)^2}{\left(R_{f11}\right)^2-2\cdot R_{f11}\cdot r\cdot\cos\left(\phi-\phi_{f1}\right)+r^2}\right]$$

$$\sum_{n=1}^{\infty}\left[\frac{1}{n}\cdot\left(\frac{r}{R_{f12}}\right)^n\cdot\cos\left[n\cdot\left(\phi-\phi_{f1}\right)\right]\right]=\frac{1}{2}\cdot\ln\left[\frac{\left(R_{f12}\right)^2}{\left(R_{f12}\right)^2-2\cdot R_{f12}\cdot r\cdot\cos\left(\phi-\phi_{f1}\right)+r^2}\right]$$

$$\sum_{n=1}^{\infty}\left[\frac{1}{n}\cdot\left(\frac{r}{R_{f2}}\right)^n\cdot\cos\left[n\cdot\left(\phi-\phi_{f2}\right)\right]\right]=\frac{1}{2}\cdot\ln\left[\frac{\left(R_{f2}\right)^2}{\left(R_{f2}\right)^2-2\cdot R_{f2}\cdot r\cdot\cos\left(\phi-\phi_{f2}\right)+r^2}\right] \tag{34}$$

$$\sum_{n=1}^{\infty}\left[r^{-n}\cdot\left(\alpha_{1n}\cdot\cos(n\cdot\phi)+\beta_{1n}\cdot\sin(n\cdot\phi)\right)\right]=\mu_{r1}\cdot I_{f1}\cdot\sum_{n=1}^{\infty}\left[\frac{1}{n}\cdot\left(\frac{r_{f1}}{r}\right)^n\cdot\cos\left[n\cdot\left(\phi-\phi_{f1}\right)\right]\right]$$

$$=\frac{\mu_{r1}\cdot I_{f1}}{2}\cdot\ln\left[\frac{r^2}{r^2-2\cdot r\cdot r_{f1}\cdot\cos\left(\phi-\phi_{f1}\right)+\left(r_{f1}\right)^2}\right]$$

Nous obtenons l'expression finale du potentiel vecteur dans la région 1 :

$$A1(r,\phi)=-\frac{\mu_0\cdot\mu_{r1}\cdot I_{f1}}{2\cdot\pi}\cdot\ln\left(\frac{r}{R_1}\right)+\frac{\mu_0}{4\pi}\sum_{m=0}^{\infty}\left[\left(r_{12}\cdot r_{32}\right)^m\left[\left(\mu_{r1}\cdot I_{f1}\right)\cdot r_{12}\cdot\ln\left[\frac{\left(R_{f11}\right)^2}{\left(R_{f11}\right)^2-2\cdot R_{f11}\cdot r\cdot\cos\left(\phi-\phi_{f1}\right)+r^2}\right]\cdots\right.\right.$$
$$+\left(\mu_{r1}\cdot I_{f1}\right)\cdot r_{23}\cdot\ln\left[\frac{\left(R_{f12}\right)^2}{\left(R_{f12}\right)^2-2\cdot R_{f12}\cdot r\cdot\cos\left(\phi-\phi_{f1}\right)+r^2}\right]\cdots$$
$$\left.+\left(\mu_{r3}\cdot I_{f2}\right)\cdot\left(t_{32}\cdot t_{21}\right)\cdot\ln\left[\frac{\left(R_{f2}\right)^2}{\left(R_{f2}\right)^2-2\cdot R_{f2}\cdot r\cdot\cos\left(\phi-\phi_{f2}\right)+r^2}\right]\right]$$
$$\left.+\left(\mu_{r1}\cdot I_{f1}\right)\cdot\ln\left[\frac{r^2}{\left(r_{f1}\right)^2-2\cdot r_{f1}\cdot r\cdot\cos\left(\phi-\phi_{f1}\right)+r^2}\right]\right] \tag{35}$$

De même manière de calcul nous trouvons l'expression du potentiel vecteur dans la région 2 et 3.

6.2. Expression finale du potentiel vecteur dans la région 2

$$A2(r,\phi) = -\frac{\mu_0 \cdot \mu_{r2} \cdot I_{f1}}{2\pi} \cdot \ln\left(\frac{r}{R_1}\right) + \frac{\mu_0}{4\pi} \cdot \sum_{m=0}^{\infty} \left[\left(r_{12} \cdot r_{32}\right)^m \cdot \left[\left(\mu_{r3} \cdot I_{f2}\right) \cdot t_{32} \cdot \ln\left[\frac{\left(R_{f2}\right)^2}{\left(R_{f2}\right)^2 - 2 \cdot R_{f2} \cdot r \cdot \cos\left(\phi - \phi_{f2}\right) + r^2} \right] \dots \right. \right.$$
$$\left. + \left(\mu_{r1} \cdot I_{f1}\right) \cdot \left(t_{12} \cdot r_{23}\right) \cdot \ln\left[\frac{\left(R_{f12}\right)^2}{\left(R_{f12}\right)^2 - 2 \cdot R_{f12} \cdot r \cdot \cos\left(\phi - \phi_{f1}\right) + r^2} \right] \dots$$
$$+ \left(\mu_{r1} \cdot I_{f1}\right) \cdot t_{12} \cdot \ln\left[\frac{r^2}{\left(R_{f1}\right)^2 - 2 \cdot R_{f1} \cdot r \cdot \cos\left(\phi - \phi_{f1}\right) + r^2} \right] \dots$$
$$\left. \left. + \left(\mu_{r3} \cdot I_{f2}\right) \cdot \left(t_{32} \cdot r_{21}\right) \cdot \ln\left[\frac{r^2}{\left(R_{f21}\right)^2 - 2 \cdot R_{f21} \cdot r \cdot \cos\left(\phi - \phi_{f2}\right) + r^2} \right] \right] \right] \quad (36)$$

Avec :

$$R_{f21} = \left(\frac{R_1}{R_2}\right)^{2m} \cdot \frac{\left(R_1\right)^2}{r_{f2}} \qquad R_{f1} = \left(\frac{R_1}{R_2}\right)^{2m} \cdot r_{f1} \quad (37)$$

6.3. Expression finale du potentiel vecteur dans la région 3

$$A3(r,\phi) = \frac{\mu_0 \cdot \mu_{r2} \cdot I_{f1}}{2\pi} \cdot \ln\left(\frac{R_2}{R_1}\right) - \frac{\mu_0 \cdot \mu_{r3} \cdot I_{f1}}{2\pi} \cdot \ln\left(\frac{r}{R_2}\right) + \frac{\mu_0}{4\pi} \left[\sum_{m=0}^{\infty} \left[\left(r_{12} \cdot r_{32}\right)^m \cdot \left[\left(\mu_{r3} \cdot I_{f2}\right) \cdot r_{32} \cdot \ln\left[\frac{r^2}{\left(R_{f22}\right)^2 - 2 \cdot R_{f22} \cdot r \cdot \cos\left(\phi - \phi_{f2}\right) + r^2} \right] \dots \right. \right. \right.$$
$$+ \left(\mu_{r3} \cdot I_{f2}\right) \cdot r_{21} \cdot \ln\left[\frac{r^2}{\left(R_{f21}\right)^2 - 2 \cdot R_{f21} \cdot r \cdot \cos\left(\phi - \phi_{f2}\right) + r^2} \right] \dots$$
$$\left. \left. + \left(\mu_{r1} \cdot I_{f1}\right) \cdot \left(t_{12} \cdot r_{23}\right) \cdot \ln\left[\frac{r^2}{\left(R_{f1}\right)^2 - 2 \cdot R_{f1} \cdot r \cdot \cos\left(\phi - \phi_{f1}\right) + r^2} \right] \right] \right] \dots$$
$$\left. + \left(\mu_{r3} \cdot I_{f2}\right) \cdot \ln\left[\frac{\left(r_{f2}\right)^2}{\left(r_{f2}\right)^2 - 2 \cdot r_{f2} \cdot r \cdot \cos\left(\phi - \phi_{f2}\right) + r^2} \right] \right] \quad (38)$$

Avec :

$$R_{f22} = \left(\frac{R_1}{R_2}\right)^{2m} \cdot \frac{\left(R_2\right)^2}{r_{f2}} \quad (39)$$

7. Courant surfacique introduit par μPEEC

Les calculs précédents permettent de vérifier que les excitations tangentielles calculées en supposant que la perméabilité est partout égale à celle de l'air sont, de part et d'autre de la surface, dans un rapport des perméabilités de ses deux côtés. Dans ce cas, l'excitation tangentielle se déduit directement de l'induction associée en divisant par la perméabilité μ0 du vide (40).

$$H_\phi = \frac{1}{\mu_0} B_\phi = -\frac{1}{\mu_0} \frac{\partial A}{\partial r} \tag{40}$$

Il faut établir que :

$$H1(R_1,\phi)_\phi = \frac{\mu_{r1}}{\mu_{r2}} H2(R_1,\phi)_\phi$$

$$H2(R_2,\phi)_\phi = \frac{\mu_{r2}}{\mu_{r3}} H3(R_2,\phi)_\phi \tag{41}$$

Nous donnons l'expression de l'excitation tangentielle dans les trois régions :

$$H1(r,\phi)_\phi = -\frac{\mu_{r1}\cdot I_{f1}}{2\cdot\pi\,r} + \frac{1}{4\cdot\pi}\cdot\left[\sum_{m=0}^{\infty}\left[(r_{12}\cdot r_{32})^m\left[(\mu_{r1}\cdot I_{f1})\cdot r_{12}\cdot\frac{2\cdot(R_{f11}\cdot\cos(\phi-\phi_{f1})-r)}{(R_{f11})^2-2\cdot R_{f11}\cdot r\cdot\cos(\phi-\phi_{f1})+r^2}\ldots\right.\right.\right.$$
$$\left.\left.\left. +(\mu_{r1}\cdot I_{f1})\cdot r_{23}\cdot\frac{2\cdot(R_{f12}\cdot\cos(\phi-\phi_{f1})-r)}{(R_{f12})^2-2\cdot R_{f12}\cdot r\cdot\cos(\phi-\phi_{f1})+r^2}\ldots \right.\right.\right.$$
$$\left.\left.\left. +(\mu_{r3}\cdot I_{f2})\cdot(t_{32}\cdot t_{21})\cdot\frac{2\cdot(R_{f2}\cdot\cos(\phi-\phi_{f2})-r)}{(R_{f2})^2-2\cdot R_{f2}\cdot r\cdot\cos(\phi-\phi_{f2})+r^2}\right]\right]\right.$$
$$\left. +(\mu_{r1}\cdot I_{f1})\cdot\left[\frac{2}{r}-\frac{2\cdot(r-r_{f1}\cdot\cos(\phi-\phi_{f1}))}{(r_{f1})^2-2\cdot r_{f1}\cdot r\cdot\cos(\phi-\phi_{f1})+r^2}\right]\right] \tag{42}$$

$$H2(r,\phi)_\phi = -\frac{\mu_{r2}\cdot I_{f1}}{2\pi\,r} + \frac{1}{4\pi}\cdot\left[\sum_{m=0}^{\infty}\left[(r_{12}\cdot r_{32})^m\left[(\mu_{r3}\cdot I_{f2})\cdot t_{32}\cdot\frac{2\cdot(R_{f2}\cdot\cos(\phi-\phi_{f2})-r)}{(R_{f2})^2-2\cdot R_{f2}\cdot r\cdot\cos(\phi-\phi_{f2})+r^2}\ldots\right.\right.\right.$$
$$\left.\left.\left. +(\mu_{r1}\cdot I_{f1})\cdot(t_{21}\cdot r_{23})\cdot\frac{2\cdot(R_{f12}\cdot\cos(\phi-\phi_{f1})-r)}{(R_{f12})^2-2\cdot R_{f12}\cdot r\cdot\cos(\phi-\phi_{f1})+r^2}\ldots\right.\right.\right.$$
$$\left.\left.\left. +(\mu_{r1}\cdot I_{f1})\cdot t_{12}\cdot\left[\frac{2}{r}-\frac{2\cdot(r-R_{f1}\cdot\cos(\phi-\phi_{f1}))}{(R_{f1})^2-2\cdot R_{f1}\cdot r\cdot\cos(\phi-\phi_{f1})+r^2}\right]\ldots\right.\right.\right.$$
$$\left.\left.\left. +(\mu_{r3}\cdot I_{f2})\cdot(t_{32}\cdot r_{21})\cdot\left[\frac{2}{r}-\frac{2\cdot(r-R_{f21}\cdot\cos(\phi-\phi_{f2}))}{(R_{f21})^2-2\cdot R_{f21}\cdot r\cdot\cos(\phi-\phi_{f2})+r^2}\right]\right]\right]\right] \tag{43}$$

$$H3(r,\phi)_\phi = -\frac{\mu_{r3}\cdot I_{f1}}{2\pi\,r} + \frac{1}{4\pi}\cdot\left[\sum_{m=0}^{\infty}\left[(r_{12}\cdot r_{32})^m\left[(\mu_{r3}\cdot I_{f2})\cdot r_{32}\cdot\left[\frac{2}{r}-\frac{2\cdot(r-R_{f22}\cdot\cos(\phi-\phi_{f2}))}{(R_{f22})^2-2\cdot R_{f22}\cdot r\cdot\cos(\phi-\phi_{f2})+r^2}\right]\ldots\right.\right.\right.$$
$$\left.\left.\left. +(\mu_{r3}\cdot I_{f2})\cdot r_{21}\cdot\left[\frac{2}{r}-\frac{2\cdot(r-R_{f21}\cdot\cos(\phi-\phi_{f2}))}{(R_{f21})^2-2\cdot R_{f21}\cdot r\cdot\cos(\phi-\phi_{f2})+r^2}\right]\ldots\right.\right.\right.$$
$$\left.\left.\left. +(\mu_{r1}\cdot I_{f1})\cdot(t_{12}\cdot t_{23})\cdot\left[\frac{2}{r}-\frac{2\cdot(r-R_{f1}\cdot\cos(\phi-\phi_{f1}))}{(R_{f1})^2-2\cdot R_{f1}\cdot r\cdot\cos(\phi-\phi_{f1})+r^2}\right]\right]\right]\right.$$
$$\left. +(\mu_{r3}\cdot I_{f2})\cdot\frac{2\cdot(r_{f2}\cdot\cos(\phi-\phi_{f2})-r)}{(r_{f2})^2-2\cdot r_{f2}\cdot r\cdot\cos(\phi-\phi_{f2})+r^2}\right] \tag{44}$$

Nous pouvons effectuer une vérification numérique des deux égalités dans (41) par un calcul simple sur Mathcad 14 en variant ϕ de 0 à 2π et en prenant la somme de 500 termes de calculs. Pour cet exemple de calcul, nous prenons les valeurs de perméabilité : $\mu_{r1} = 1$, $\mu_{r2} = 2000$ et $\mu_{r3} = 1$. La Figure 1-10 montre que les rapports $H2(R_1,\phi)_\phi / H1(R_1,\phi)_\phi$ et $H2(R_2,\phi)_\phi / H3(R_2,\phi)_\phi$ sont bien égales μ_{r2}/μ_{r1} et μ_{r2}/μ_{r3}.

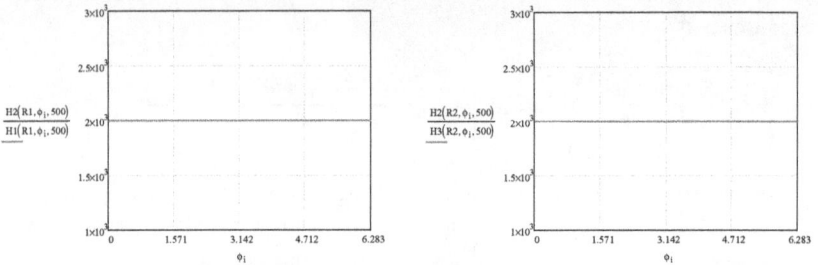

Figure 2 : Vérifications réalisées sous Mathcad 14

Dans la méthode µPEEC, ce saut d'excitation tangentielle de deux côtés d'une surface est imputé à la circulation d'un courant superficiel de densité K. L'expression de la densité de courant superficiel sur les deux surface S_{12} et S_{23} sont données par :

$$K12(\phi) = H1(R_1,\phi)_\phi - H2(R_1,\phi)_\phi$$
$$K23(\phi) = H3(R_2,\phi)_\phi - H2(R_2,\phi)_\phi$$

(45)

Avec les excitations tangentielles sont données dans (42), (43) et (44).

8. Expressions du potentiel vecteur dans le repère cartésien

Nous donnons ici les expressions du potentiel vecteur dans le repère cartésien en remplaçant $r = \sqrt{x^2 + y^2}$ et $\phi = \arctan\left(\dfrac{y}{x}\right)$:

$$A1(x,y) = -\frac{\mu_0 \cdot \mu_{r1} \cdot I_{f1}}{2 \cdot \pi} \cdot \ln\left(\frac{\sqrt{x^2+y^2}}{R_1}\right) + \frac{\mu_0}{4 \cdot \pi} \sum_{m=0}^{\infty} \left(r_{12} \cdot r_{32}\right)^m \left[\left(\mu_{r1} \cdot I_{f1}\right) \cdot r_{12} \cdot \ln\left[\frac{\left(R_{f1}\right)^2}{\left(R_{f1} \cdot \cos(\phi_{f1}) - x\right)^2 + \left(R_{f1} \cdot \sin(\phi_{f1}) - y\right)^2}\right] \ldots \right.$$
$$+ \left(\mu_{r1} \cdot I_{f1}\right) \cdot r_{23} \cdot \ln\left[\frac{\left(R_{f12}\right)^2}{\left(R_{f12} \cdot \cos(\phi_{f1}) - x\right)^2 + \left(R_{f12} \cdot \sin(\phi_{f1}) - y\right)^2}\right] \ldots$$
$$+ \left(\mu_{r3} \cdot I_{f2}\right) \cdot \left(t_{32} \cdot t_{21}\right) \cdot \ln\left[\frac{\left(R_{f2}\right)^2}{\left(R_{f2} \cdot \cos(\phi_{f2}) - x\right)^2 + \left(R_{f2} \cdot \sin(\phi_{f2}) - y\right)^2}\right] \Bigg] \Bigg]$$
$$\left. + \left(\mu_{r1} \cdot I_{f1}\right) \cdot \ln\left[\frac{x^2+y^2}{\left(r_{f1} \cdot \cos(\phi_{f1}) - x\right)^2 + \left(r_{f1} \cdot \sin(\phi_{f1}) - y\right)^2}\right] \right] \tag{46}$$

$$A2(x,y) = -\frac{\mu_0 \cdot \mu_{r2} \cdot I_{f1}}{2\pi} \cdot \ln\left(\frac{\sqrt{x^2+y^2}}{R_1}\right) + \frac{\mu_0}{4\pi} \sum_{m=0}^{\infty} \left(r_{12} \cdot r_{32}\right)^m \left[\left(\mu_{r3} \cdot I_{f2}\right) \cdot t_{32} \cdot \ln\left[\frac{\left(R_{f2}\right)^2}{\left(R_{f2} \cdot \cos(\phi_{f2}) - x\right)^2 + \left(R_{f2} \cdot \sin(\phi_{f2}) - y\right)^2}\right] \ldots \right.$$
$$+ \left(\mu_{r1} \cdot I_{f1}\right) \cdot \left(t_{12} \cdot r_{23}\right) \cdot \ln\left[\frac{\left(R_{f12}\right)^2}{\left(R_{f12} \cdot \cos(\phi_{f1}) - x\right)^2 + \left(R_{f12} \cdot \sin(\phi_{f1}) - y\right)^2}\right] \ldots$$
$$+ \left(\mu_{r1} \cdot I_{f1}\right) \cdot t_{12} \cdot \ln\left[\frac{x^2+y^2}{\left(R_{f1} \cdot \cos(\phi_{f1}) - x\right)^2 + \left(R_{f1} \cdot \sin(\phi_{f1}) - y\right)^2}\right] \ldots$$
$$\left. + \left(\mu_{r3} \cdot I_{f2}\right) \cdot \left(t_{32} \cdot r_{21}\right) \cdot \ln\left[\frac{x^2+y^2}{\left(R_{f21} \cdot \cos(\phi_{f2}) - x\right)^2 + \left(R_{f21} \cdot \sin(\phi_{f1}) - y\right)^2}\right] \right] \tag{47}$$

$$A3(x,y) = -\frac{\mu_0 \cdot \mu_{r2} \cdot I_{f1}}{2\pi} \cdot \ln\left(\frac{R_2}{R_1}\right) - \frac{\mu_0 \cdot \mu_{r3} \cdot I_{f1}}{2\pi} \cdot \ln\left(\frac{\sqrt{x^2+y^2}}{R_2}\right) + \frac{\mu_0}{4\pi} \sum_{m=0}^{\infty} \left(r_{12} \cdot r_{32}\right)^m \left[\left(\mu_{r3} \cdot I_{f2}\right) \cdot r_{32} \cdot \ln\left[\frac{x^2+y^2}{\left(R_{f22} \cdot \cos(\phi_{f2}) - x\right)^2 + \left(R_{f22} \cdot \sin(\phi_{f2}) - y\right)^2}\right] \ldots \right.$$
$$+ \left(\mu_{r3} \cdot I_{f2}\right) \cdot r_{21} \cdot \ln\left[\frac{x^2+y^2}{\left(R_{f21} \cdot \cos(\phi_{f2}) - x\right)^2 + \left(R_{f21} \cdot \sin(\phi_{f2}) - y\right)^2}\right] \ldots$$
$$+ \left(\mu_{r1} \cdot I_{f1}\right) \cdot t_{12} \cdot r_{23} \cdot \ln\left[\frac{x^2+y^2}{\left(R_{f1} \cdot \cos(\phi_{f1}) - x\right)^2 + \left(R_{f1} \cdot \sin(\phi_{f1}) - y\right)^2}\right] \Bigg]$$
$$\left. + \left(\mu_{r3} \cdot I_{f2}\right) \cdot \ln\left[\frac{\left(r_{f2}\right)^2}{\left(r_{f2} \cdot \cos(\phi_{f2}) - x\right)^2 + \left(r_{f2} \cdot \sin(\phi_{f2}) - y\right)^2}\right] \right] \tag{48}$$

9. Calcul de l'énergie

L'énergie stockée par le système, sur une unité de longueur, est donnée par l'expression [(1-77) - Chapitre 1]. Dans le calcul analytique, le potentiel vecteur créé par le noyau magnétique sur la section du fil 1 A_{noy1} est celui dans la région 1 sans tenir compte du potentiel vecteur créé par le fil 1 (le dernier terme dans l'expression (46)). Identiquement pour le potentiel vecteur A_{noy2}, il est donné par l'expression (48) en supprimant le dernier terme. Nous obtenons alors l'énergie d'interaction avec le noyau :

189

$$W_{noy} = W_{noy1} + W_{noy2} = \frac{1}{2}\left(I_{f1}A1(x_{f1}, y_{f1}) + I_{f2}A3(x_{f2}, y_{f2})\right) \tag{49}$$

Avec les potentiels vecteurs A1 et A3 sont donnés respectivement par les expressions (46) et (48) sans tenir compte le dernier terme. (x_{f1}, y_{f1}) et (x_{f2}, y_{f2}) sont respectivement les coordonnées cartésiennes du centre du conducteur 1 et 2.

Annexe 3

Calcul de la somme des courants superficiels

1. Présentation du problème

Considérons un système réel incluant des milieux magnétiques : un milieu de perméabilité μ_{r2}, immergé dans un milieu de perméabilité μ_{r1} (Figure 13-a). Le calcul qui suit vise à connaître la somme des courants superficiels créés sur l'interface entre deux milieux (dans le système équivalent) par un fil fin de courant I_f, placé dans le milieu 2.

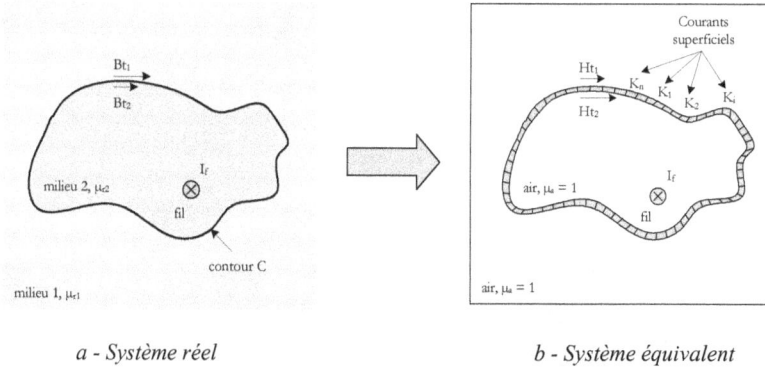

a - Système réel   b - Système équivalent

Figure 3 : Système réel et système équivalent dans la méthode µPEEC

Rappelons que dans la méthode µPEEC, nous supprimons tous les milieux magnétiques et les remplaçons par l'air en ajoutant des courants superficiels K sur toutes les surfaces qui séparent des milieux magnétiques différents (Figure 13-b).

2. Calcul de la somme des courants superficiels

L'application du théorème d'Ampère, pour un élément de surface, sur le système équivalent permet alors de trouver le courant superficiel lié à cet élément :

$$Ht_2 - Ht_1 = K \tag{1}$$

Soit (car le système équivalent n'est constitué que d'air)

$$\frac{Bt_2}{\mu_0} - \frac{Bt_1}{\mu_0} = K \tag{2}$$

Les deux systèmes réel et équivalent créent des inductions identiques et donc telles que :

$$\frac{Bt_2}{Bt_1} = \frac{\mu_{r2}}{\mu_{r1}} \tag{3}$$

Le courant superficiel vaut donc :

$$K = \frac{Bt_2}{\mu_0} - \frac{Bt_1}{\mu_0} = \frac{Bt_2}{\mu_0} - \frac{Bt_2}{\mu_0}\frac{\mu_{r1}}{\mu_{r2}} = \frac{Bt_2}{\mu_0}\frac{\mu_{r2} - \mu_{r1}}{\mu_{r2}} \tag{4}$$

L'application du théorème d'Ampère pour le système réel, sur le contour C séparant deux milieux 1 et 2 (sens antihoraire), permet d'écrire :

$$-I_f = \oint_C \overrightarrow{Ht_2}\overrightarrow{dl} = \frac{1}{\mu_0\mu_{r2}}\oint_C \overrightarrow{Bt_2}\overrightarrow{dl} = \frac{1}{\mu_{r2} - \mu_{r1}}\oint_C \overrightarrow{K}\overrightarrow{dl} \tag{5}$$

Pour le calcul μPEEC, les courants superficiels sont supposés uniformes sur les éléments. L'intégrale de courant sur le contour C s'exprime donc en somme des K_i.

$$I_f = -\frac{\displaystyle\sum_n K_i}{\mu_{r2} - \mu_{r1}} \tag{6}$$

Nous déduisons alors la somme des courants superficiels :

$$\sum_n K_i = -(\mu_{r2} - \mu_{r1})I_f \tag{7}$$

Evidemment cette somme est égale à zéro lorsque le fil est à l'extérieur du milieu 2, parce que dans ce cas il n'y a aucun courant traversant la surface définie par le contour C.

Annexe 4

Calcul du champ magnétostatique créé par un fil rectiligne sur un matériau magnétique semi-infini

1. Introduction

Le calcul qui suit vise à connaître le champ magnétique créé par un fil fin situé dans l'air, parallèlement à la surface d'un matériau magnétique semi-infini (Figure 1). C'est une première étape vers la connaissance du champ dans un empilement de lames à faces parallèles [MAR-06].

L'espace étant rapporté à un repère orthonormé $Oxyz$, le matériau, de perméabilité relative μ_r est positionné en $y < 0$. Le fil, parcouru par un courant I est dirigé suivant Oz. Il est situé en $(0, h)$ dans tout plan $z = cte$. Compte tenu des symétries du dispositif, les champs sont plans et invariants suivant z.

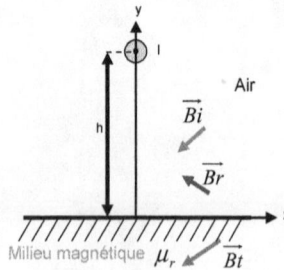

Figure 1 : Fil au dessus d'un milieu magnétique semi infini

Dans ce dispositif, nous distinguons trois inductions :

194

- L'induction incidente $\overrightarrow{B_i}$ émise directement par le fil.

- L'induction réfléchie par le milieu magnétique $\overrightarrow{B_r}$.

- L'induction $\overrightarrow{B_t}$ transmise, à travers la surface séparant les deux milieux, au matériau magnétique.

2. Expressions des champs

2.1. Induction incidente

Le champ incident est celui créé par le fil positionné en $(0, h)$ dans l'air (1) :

$$Bi_x(x,y) = -\frac{\mu_0 I}{2\pi}\frac{y-h}{x^2+(y-h)^2}$$
$$Bi_y(x,y) = \frac{\mu_0 I}{2\pi}\frac{x}{x^2+(y-h)^2}$$

(1)

2.2. Potentiels transmis et réfléchis

Les potentiels transmis et réfléchis, tous deux parallèles à Oz, sont solutions de l'équation de Laplace 2D (2) :

$$\frac{\partial^2 A}{\partial x^2}+\frac{\partial^2 A}{\partial y^2}=0$$

(2)

Pour résoudre cette équation, nous utilisons la méthode de séparation des variables. Nous posons donc $A(x,y) = F(x)\cdot G(y)$. L'équation (2) devient :

$$\frac{\partial^2 F(x)}{\partial x^2}\cdot G(y)+\frac{\partial^2 G(y)}{\partial y^2}\cdot F(x)=0 \iff \frac{1}{F(x)}\frac{\partial^2 F(x)}{\partial x^2}=-\frac{1}{G(y)}\frac{\partial^2 G(y)}{\partial y^2}$$

(3)

Cette égalité doit être vérifiée quels que soient x et y. Elle met en œuvre une fonction de x (à gauche) et une autre de y (à droite) ; elle ne peut donc être satisfaite que si ces deux quantités sont constantes. Il est commode d'écrire cette constante sous la forme $-(2\pi k)^2$, si bien que :

$$\frac{\partial^2 F(x)}{\partial x^2}=-(2\pi k)^2\cdot F(x)$$

(4)

Toute fonction du type $F(x) = e^{j2\pi kx}$ avec k réel est solution de (4). Dans ces conditions, (3) montre que $G(y)$ satisfait l'égalité suivante :

$$\frac{\partial^2 G(y)}{\partial y^2} = (2\pi k)^2 \cdot G(y) \tag{5}$$

Pour chaque valeur de k, $G(y)$ admet deux solutions $G(y) = e^{2\pi|k|y}$ et $G(y) = e^{-2\pi|k|y}$. Le paramètre k ayant un signe quelconque, l'introduction des valeurs absolues facilite, dans ce qui suit, l'appréhension du sens de variation suivant y.

Finalement, pour chaque valeur de k, la solution de (2) est une combinaison linéaire des deux types de fonction (6) :

$$A_k(x,y) = N(k)\ e^{j2\pi kx} e^{2\pi|k|y} + P(k)\ e^{j2\pi kx} e^{-2\pi|k|y} \tag{6}$$

Notons que la partie liée à *N(k)* décroît quand y devient de plus en plus négatif (*N* comme négatif) tandis que celle associée à *P(k)* varie en sens inverse. Un rapide examen du problème traité permet souvent d'éliminer l'une des deux a priori.

Pour obtenir la solution générale de l'équation (2), il faut additionner (7) toutes les solutions particulières (6) car toutes les valeurs réelles de k sont admissibles.

$$A(x,y) = \int_{-\infty}^{+\infty} \left[N(k)\ e^{j2\pi kx} e^{2\pi|k|y} + P(k)\ e^{j2\pi kx} e^{-2\pi|k|y} \right] dk \tag{7}$$

2.3. Inductions transmise et réfléchie

Les expressions générales des inductions transmises et réfléchies se déduisent directement du potentiel précédent via la relation (8).

$$\vec{B} = \overrightarrow{rot}\,\vec{A} \quad \Leftrightarrow \quad \begin{cases} B_x = \dfrac{\partial A}{\partial y} \\[2mm] B_y = -\dfrac{\partial A}{\partial x} \end{cases} \tag{8}$$

$$B_x(x,y) = \int_{-\infty}^{+\infty} \left[2\pi|k| N(k)\ e^{j2\pi kx} e^{2\pi|k|y} - 2\pi|k| P(k)\ e^{j2\pi kx} e^{-2\pi|k|y} \right] dk$$

$$B_y(x,y) = \int_{-\infty}^{+\infty} \left[-j2\pi k\, N(k)\ e^{j2\pi kx} e^{2\pi|k|y} - j2\pi k\, P(k)\ e^{j2\pi kx} e^{-2\pi|k|y} \right] dk \tag{9}$$

Ces deux inductions étant issues, dans le problème traité, de la surface $y = 0$, il est logique de postuler qu'elles diminuent lorsqu'elles s'en éloignent. Cela revient à admettre que, pour chacune d'elles, l'une des fonctions P ou N est nulle.

Ainsi, pour l'induction réfléchie dans l'air $(y > 0)$, $P = 0$ alors que pour celle transmise dans le matériau magnétique $(y < 0)$, $N = 0$.

3. Conditions de continuité

L'excitation tangentielle (qui, dans un matériau *lhi*, se déduit directement de l'induction associée) et l'induction normale doivent être continues au passage de la surface séparant les deux milieux (10). Dans l'air, le champ est la somme du champ incident créé par le fil et du champ réfléchi par le milieu magnétique.

$$
\begin{aligned}
Hi_x(x,0) + Hr_x(x,0) &= Ht_x(x,0) \\
Bi_y(x,0) + Br_y(x,0) &= Bt_y(x,0)
\end{aligned}
\tag{10}
$$

3.1. Continuité de l'excitation tangentielle

Sur la surface $y = 0$, les trois excitations s'écrivent de la façon suivante :

$$
\begin{aligned}
Hi_x(x,0) &= \frac{I}{2\pi} \frac{h}{x^2 + h^2} \\
Hr_x(x,0) &= \frac{-1}{\mu_0} \int_{-\infty}^{+\infty} \left[2\pi|k| P(k)\, e^{j2\pi kx} \right] dk \\
Ht_x(x,0) &= \frac{1}{\mu_0 \mu_r} \int_{-\infty}^{+\infty} \left[2\pi|k| N(k)\, e^{j2\pi kx} \right] dk
\end{aligned}
\tag{11}
$$

(10) admet donc l'écriture suivante :

$$
\frac{I}{2\pi} \frac{h}{x^2 + h^2} + \frac{-1}{\mu_0} \int_{-\infty}^{+\infty} \left[2\pi|k| P(k)\, e^{j2\pi kx} \right] dk = \frac{1}{\mu_0 \mu_r} \int_{-\infty}^{+\infty} \left[2\pi|k| N(k)\, e^{j2\pi kx} \right] dk
\tag{12}
$$

Les transformées de Fourier inverses de $|k| P(k)$ et $|k| N(k)$ apparaissent. En conséquence, nous simplifions (12) en multipliant par $\frac{\mu_0}{2\pi}$ et en prenant la transformée de Fourier de l'expression obtenue (13).

$$
\frac{\mu_0 I}{4\pi^2} \int_{-\infty}^{+\infty} \frac{h}{x^2 + h^2} e^{-j2\pi kx}\, dx = \frac{1}{\mu_r} |k| N(k) + |k| P(k)
\tag{13}
$$

La transformée de Fourier présente dans le membre de gauche se calcule facilement ((31), §7) :

$$\int_{-\infty}^{+\infty} \frac{h}{x^2+h^2} e^{-j2\pi k\, x}\, dx = \pi\, e^{-2\pi h\, |k|} \tag{14}$$

(13) peut donc s'écrire :

$$\frac{\mu_0 I}{4\pi}\, \frac{1}{|k|} e^{-2\pi h\, |k|} = \frac{1}{\mu_r} N(k) + P(k) \tag{15}$$

3.2. Continuité de l'induction normale

Le processus de calcul est similaire. Sur la surface, les trois inductions normales s'écrivent comme suit :

$$Bi_y(x,0) = \frac{\mu_0 I}{2\pi}\, \frac{x}{x^2+h^2}$$

$$Br_y(x,0) = -j \int_{-\infty}^{+\infty} \left[2\pi k\, P(k)\, e^{j2\pi k\, x} \right] dk \tag{16}$$

$$Bt_y(x,0) = -j \int_{-\infty}^{+\infty} \left[2\pi k\, N(k)\, e^{j2\pi k\, x} \right] dk$$

Ces trois inductions sont liées par l'équation (10) :

$$\frac{\mu_0 I}{2\pi}\, \frac{x}{x^2+h^2} - j \int_{-\infty}^{+\infty} \left[2\pi k\, P(k)\, e^{j2\pi k\, x} \right] dk = -j \int_{-\infty}^{+\infty} \left[2\pi k\, N(k)\, e^{j2\pi k\, x} \right] dk \tag{17}$$

Nous transformons, comme précédemment, la relation (17) :

$$\frac{\mu_0 I}{4\pi^2} \int_{-\infty}^{+\infty} \frac{x}{x^2+h^2} e^{-j2\pi kx}\, dx = jk\, P(k) - jk\, N(k) \tag{18}$$

La transformée de Fourier qui reste dans (18) se calcule aussi facilement ((32), §7)

$$\int_{-\infty}^{+\infty} \frac{x}{x^2+h^2} e^{-j2\pi kx}\, dx = \pi \cdot e^{-2\pi h|k|} \cdot sgn(k)\frac{1}{j} \tag{19}$$

En reportant (19) dans (18) il vient :

$$\frac{\mu_0 I}{4\pi} \cdot e^{-2\pi h|k|} \cdot sgn(k)\frac{1}{k} = \frac{\mu_0 I}{4\pi} \cdot e^{-2\pi h|k|} \cdot \frac{1}{|k|} = N(k) - P(k) \tag{20}$$

4. Résolution des équations

Les équations (15) et (20) permettent de déterminer *N(k)* et *P(k)*. La résolution de ce système (21) nous mène (22) aux deux fonctions cherchées.

$$\begin{cases} \dfrac{\mu_0 I}{4\pi} \dfrac{e^{-2\pi h|k|}}{|k|} = \dfrac{1}{\mu_r} N(k) + P(k) \\ \dfrac{\mu_0 I}{4\pi} \dfrac{e^{-2\pi h|k|}}{|k|} = N(k) - P(k) \end{cases} \tag{21}$$

$$\begin{aligned} N(k) &= \frac{\mu_0 I}{4\pi} \frac{2\mu_r}{\mu_r + 1} \frac{e^{-2\pi h|k|}}{|k|} \\ P(k) &= \frac{\mu_0 I}{4\pi} \frac{\mu_r - 1}{\mu_r + 1} \frac{e^{-2\pi h|k|}}{|k|} \end{aligned} \tag{22}$$

Revenons maintenant aux inductions cherchées en injectant, dans (9), les expressions (22) de *N(k)* et *P(k)*.

$$Br_x(x,y) = -\frac{\mu_0 I}{2} \frac{\mu_r - 1}{\mu_r + 1} \int_{-\infty}^{+\infty} \left[e^{j2\pi k\, x} e^{-2\pi |k|\, (y+h)} \right] dk \tag{23}$$

L'intégrale se déduit de ((31), §7) après inversion et remplacement de *h* par *y + h*. En définitive, nous obtenons :

$$Br_x(x,y) = -\frac{\mu_0 I}{2\pi} \frac{\mu_r - 1}{\mu_r + 1} \frac{y+h}{x^2 + (y+h)^2} \tag{24}$$

Les calculs de l'autre composante du champ réfléchi et des deux composantes du champ transmis, se mènent de façon similaire. Nous obtenons ainsi :

$$Br_y(x,y) = \frac{\mu_0 I}{2\pi} \frac{\mu_r - 1}{\mu_r + 1} \frac{x}{x^2 + (y+h)^2} \tag{25}$$

$$Bt_x(x,y) = -\frac{\mu_0 I}{2\pi} \frac{2\mu_r}{\mu_r + 1} \frac{y-h}{x^2 + (y-h)^2} \tag{26}$$

$$Bt_y(x,y) = \frac{\mu_0 I}{2\pi} \frac{2\mu_r}{\mu_r + 1} \frac{x}{x^2 + (y-h)^2} \tag{27}$$

5. Récapitulatif et Interprétation

Il est possible d'interpréter les différentes valeurs d'induction que nous avons obtenues :

L'induction incidente $\overrightarrow{B_i}$ est l'induction propre du fil positionné en $(0,h)$ et parcouru par le courant I.

$$Bi_x(x,y) = -\frac{\mu_0 I}{2\pi}\frac{y-h}{x^2+(y-h)^2}$$

$$Bi_y(x,y) = \frac{\mu_0 I}{2\pi}\frac{x}{x^2+(y-h)^2}$$

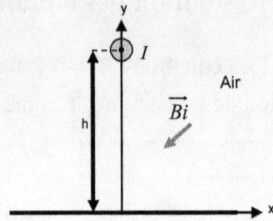

Figure 2 : Induction incidente

L'induction réfléchie $\overrightarrow{B_r}$ est identique à celle d'un fil positionné en $(0,-h)$ et parcouru par un courant $I\frac{\mu_r-1}{\mu_r+1}$.

$$Br_x(x,y) = -\frac{\mu_0 I}{2\pi}\frac{\mu_r-1}{\mu_r+1}\frac{y+h}{x^2+(y+h)^2}$$

$$Br_y(x,y) = \frac{\mu_0 I}{2\pi}\frac{\mu_r-1}{\mu_r+1}\frac{x}{x^2+(y+h)^2}$$

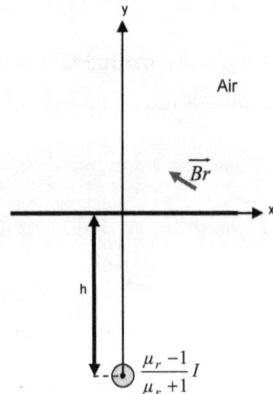

Figure 3 : Induction réfléchie dans l'air

L'induction $\overrightarrow{B_t}$ est égale à l'induction incidente multipliée par un facteur $\frac{2\mu_r}{\mu_r+1}$.

$$Bt_x(x,y) = -\frac{\mu_0 I}{2\pi}\frac{2\mu_r}{\mu_r+1}\frac{y-h}{x^2+(y-h)^2}$$

$$Bt_y(x,y) = \frac{\mu_0 I}{2\pi}\frac{2\mu_r}{\mu_r+1}\frac{x}{x^2+(y-h)^2}$$

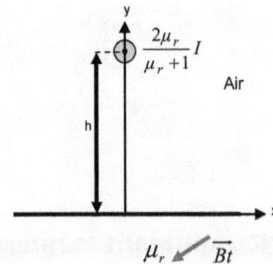

Figure 4 : Induction transmise dans le matériau magnétique

6. Courant surfacique introduit par µPEEC

Les calculs précédents permettent de vérifier que les excitations tangentielles calculées en supposant que la perméabilité est partout égale à celle de l'air sont, de part et d'autre de la surface, dans un rapport μ_r.

$$Hi_x(x,0) + Hr_x(x,0) = \frac{1}{\mu_r} Ht'_x(x,0) \tag{28}$$

On établit en effet que :

$$-\frac{I}{2\pi} \cdot \frac{-h}{x^2+h^2} - \frac{I}{2\pi} \frac{\mu_r-1}{\mu_r+1} \frac{h}{x^2+h^2} = -\frac{1}{\mu_r} \frac{I}{2\pi} \frac{2\mu_r}{\mu_r+1} \frac{-h}{x^2+h^2} \tag{29}$$

Dans la méthode µPEEC, ce saut d'excitation tangentielle est imputé à la circulation d'un courant superficiel de densité $K(x)$:

$$K(x) = -\left[-\frac{I}{2\pi} \cdot \frac{-h}{x^2+h^2} - \frac{I}{2\pi} \frac{\mu_r-1}{\mu_r+1} \frac{h}{x^2+h^2} \right] + \left[-\frac{I}{2\pi} \frac{2\mu_r}{\mu_r+1} \frac{-h}{x^2+h^2} \right] = \frac{I}{\pi} \frac{\mu_r-1}{\mu_r+1} \frac{h}{x^2+h^2} \tag{30}$$

Il est facile de vérifier que le courant total Is circulant sur cette surface est égal à : $Is = I \frac{\mu_r-1}{\mu_r+1}$, c'est-à-dire au courant circulant dans l'image du courant source.

7. Calcul de deux transformées de Fourier

La transformée de Fourier inverse d'une fonction exponentielle causale se calcule facilement.

Soit, avec $h > 0$, $f_1(k) = \pi\, e^{-2\pi h\, k}$ pour $k > 0$ et 0 ailleurs.

Il vient $\qquad \displaystyle\int_{-\infty}^{+\infty} f_1(k)e^{j2\pi k\, x}\, dk = \frac{1}{2} \frac{1}{h-jx}$

Par symétrie, on déduit que si : $f_2(k) = f_1(-k)$. Alors :

$$\int_{-\infty}^{+\infty} f_2(k)e^{j2\pi k\, x}\, dk = \frac{1}{2} \frac{1}{h+jx}$$

Partant de ces deux fonctions nous formons une fonction réelle et paire :

$$g_1(k) = f_1(k) + f_2(k) = \pi\, e^{-2\pi h\, |k|}$$

De cette définition, il résulte que : $\displaystyle\int_{-\infty}^{+\infty} g_1(k)\,e^{j2\pi kx}\,dk = \frac{h}{h^2 + x^2}$

et, inversement :

$$\int_{-\infty}^{+\infty} \frac{h}{x^2 + h^2}\,e^{-j2\pi kx}\,dx = \pi \cdot e^{-2\pi h\,|k|} \tag{31}$$

A l'aide des deux mêmes fonctions, nous formons maintenant une fonction de k impaire et imaginaire :

$$g_2(k) = -j\left[f_1(k) - f_2(k)\right] = -j\,\pi\,e^{-2\pi h\,|k|}\,\mathbf{sgn}(k)$$

Sa transformée inverse vaut :

$$\int_{-\infty}^{+\infty} g_2(k)\,e^{j2\pi kx}\,dk = -j\left[\frac{1}{2}\frac{1}{h - jx} - \frac{1}{2}\frac{1}{h + jx}\right] = \frac{x}{h^2 + x^2}$$

Inversement :

$$\int_{-\infty}^{+\infty} \frac{x}{x^2 + h^2}\,e^{-j2\pi k\,x}\,dx = \pi \cdot e^{-2\pi h\,|k|}\,\frac{\mathbf{sgn}(k)}{j} \tag{32}$$

Annexe 5

Calcul du champ magnétostatique créé par un fil rectiligne sur un empilement de couches magnétiques infini à faces parallèle

1. FIL AU DESSUS D'UNE LAME MAGNÉTIQUE PLANE

Le calcul qui suit vise à connaître le champ magnétique créé par un fil fin placé, dans l'air, parallèlement à une lame magnétique infinie de perméabilité μ_r et d'épaisseur finie *ep* (Figure 1).

L'espace est rapporté à un repère cartésien *Oxyz* dont le plan *y = 0* coïncide avec la face de la lame la plus proche du fil. L'autre face est en *y = -ep*. Le fil, dirigé suivant *Oz*, est situé en *(0, h)* et il est parcouru par un courant de valeur *I*. Les champs sont donc plans et invariants suivant *z*.

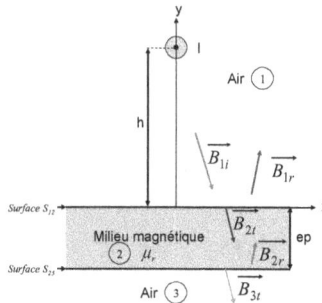

Figure 1 : Fil sur milieu magnétique infini

Dans ce dispositif qui englobe trois milieux, cinq inductions doivent être distinguées :

- L'induction incidente $\overrightarrow{B_{1i}}$ émise par le fil dans le milieu 1.

- L'induction réfléchie $\overrightarrow{B_{1r}}$ par la lame magnétique 2 dans 1.

- L'induction $\overrightarrow{B_{2t}}$ transmise dans le milieu 2.

- L'induction $\overrightarrow{B_{2r}}$ réfléchie par la $2^{\text{ème}}$ face de la lame magnétique.

- L'induction $\overrightarrow{B_{3t}}$ transmise dans le milieu 3.

1.1. Calculs des différents champs

1.1.1. Expressions générales des inductions

Nous nous appuyons sur les résultats de l'annexe précédente. L'induction émise par le fil et les autres sont rappelées ci-dessous (1) et (2) :

$$Bi_x(x,y) = -\frac{\mu_0 I}{2\pi} \frac{y-h}{x^2+(y-h)^2}$$

$$Bi_y(x,y) = \frac{\mu_0 I}{2\pi} \frac{x}{x^2+(y-h)^2}$$

(1)

$$B_x(x,y) = \int_{-\infty}^{+\infty} \left[2\pi|k| N(k)\ e^{j2\pi kx} e^{2\pi|k|y} - 2\pi|k| P(k)\ e^{j2\pi kx} e^{-2\pi|k|y} \right] dk$$

$$B_y(x,y) = \int_{-\infty}^{+\infty} \left[-j2\pi k\ N(k)\ e^{j2\pi kx} e^{2\pi|k|y} - j2\pi k\ P(k)\ e^{j2\pi kx} e^{-2\pi|k|y} \right] dk$$

(2)

Ces inductions proviennent soit directement du fil soit des surfaces S_{12} et S_{23} de la lame. Les inductions issues d'une surface diminuent lorsqu'elles s'en éloignent. Cela revient à admettre que, pour chacune elles, l'une des fonctions $N(k)$ ou $P(k)$ est nulle. Pour savoir laquelle, retenons que le champ associé à $P(k)$ diminue quand y est de plus en plus positif alors que celui associé à $N(k)$ varie en sens inverse. L'indice attribué ci-dessous à chaque induction repère le milieu dans lequel elle est présente et son sens de propagation (n vers les y négatifs, p dans le sens inverse).

Par rapport à la surface S_{12} :	Par rapport à la surface S_{23} :
B_{1p} décroît quand y augmente $\rightarrow$ $N_1(k) = 0$	B_{2p} décroît quand y augmente $\rightarrow$ $N_2(k) = 0$
B_{2n} décroît quand y diminue $\rightarrow$ $P_2(k) = 0$	B_{3n} décroît quand y diminue $\rightarrow P_3(k)$ $= 0$

Il y a donc 4 fonctions de k à déterminer pour connaître l'induction partout.

1.1.2. Conditions de continuité

La continuité de l'excitation tangentielle ainsi que celle de l'induction normale doivent être assurées sur les deux surfaces S_{12} ($y = 0$) et S_{23} ($y = -ep$).

- Sur S_{12} ($y = 0$)

$$H_{1tx}(x,0) + H_{1rx}(x,0) = H_{2tx}(x,0) + H_{2rx}(x,0) \tag{3}$$

$$B_{1ty}(x,0) + B_{1ry}(x,0) = B_{2ty}(x,0) + B_{2ry}(x,0) \tag{4}$$

- Sur S_{23} ($y = -ep$)

$$H_{2tx}(x,-ep) + H_{2rx}(x,-ep) = H_{3tx}(x,-ep) \tag{5}$$

$$B_{2ty}(x,-ep) + B_{2ry}(x,-ep) = B_{3ty}(x,-ep) \tag{6}$$

Comme il se doit, nous disposons de 4 équations pour évaluer les 4 fonctions de k.

1.1.3. Relations sur la surface S_{12}

Explicitons (3) et (4) en tenant compte des restrictions justifiées ci-dessus. Nous obtenons respectivement :

$$\frac{I}{2\pi}\frac{h}{x^2+h^2} - \frac{1}{\mu_0}\int_{-\infty}^{+\infty} 2\pi|k|\,P_1(k)\,e^{i2\pi kx}dk = \frac{1}{\mu_0\mu_r}\int_{-\infty}^{+\infty} 2\pi|k|\,N_2(k)\,e^{i2\pi kx}dk - \frac{1}{\mu_0\mu_r}\int_{-\infty}^{+\infty} 2\pi|k|\,P_2(k)\,e^{i2\pi kx}dk \tag{7}$$

et :

$$\frac{\mu_0 I}{2\pi}\frac{x}{x^2+h^2} - \int_{-\infty}^{+\infty} i2\pi k\,P_1(k)e^{i2\pi kx}dk = -\int_{-\infty}^{+\infty} i2\pi k\,N_2(k)e^{i2\pi kx}dk - \int_{-\infty}^{+\infty} i2\pi k\,P_2(k)e^{i2\pi kx}dk \tag{8}$$

1.1.4. Relations sur la surface S_{23}

De la même manière, les expressions (5) et (6) relatives à S_{23} deviennent :

$$\frac{1}{\mu_0 \mu_r} \int_{-\infty}^{+\infty} 2\pi |k| N_2(k) e^{i2\pi kx} e^{-2\pi |k| \varphi} dk - \frac{1}{\mu_0 \mu_r} \int_{-\infty}^{+\infty} 2\pi |k| P_2(k) e^{i2\pi kx} e^{2\pi |k| \varphi} dk = \frac{1}{\mu_0} \int_{-\infty}^{+\infty} 2\pi |k| N_3(k) e^{i2\pi kx} e^{-2\pi |k| \varphi} dk \quad (9)$$

et :

$$-\int_{-\infty}^{+\infty} i2\pi k N_2(k) e^{i2\pi kx} e^{-2\pi |k| \varphi} dk - \int_{-\infty}^{+\infty} i2\pi k P_2(k) e^{i2\pi kx} e^{2\pi |k| \varphi} dk = -\int_{-\infty}^{+\infty} i2\pi k N_3(k) e^{i2\pi kx} e^{-2\pi |k| \varphi} dk \quad (10)$$

1.2. Résolution du système d'équation

Afin de déduire les fonctions *P1, P2, N2* et *N3*, simplifions les 4 équations (7) à (10). Toutes ces équations contiennent des transformés de Fourier inverses. Du coup, en exploitant les transformés de Fourier inverses [(31) et (32)-Annexe 4] puis en prenant la transformée de Fourier de chacune, ces expressions se simplifient grandement (11) et la solution du système (12) s'obtient facilement.

$$\begin{cases} \mu_r P_1 + N_2 - P_2 = \mu_r A \\ P_1 - N_2 - P_2 = -A \\ N_2 - B^{-2} P_2 - \mu_r N_3 = 0 \\ N_2 + B^{-2} P_2 - N_3 = 0 \end{cases} \quad \text{où} \quad \begin{cases} A = \dfrac{\mu_0 I}{4\pi} \dfrac{e^{-2\pi h |k|}}{|k|} \\ B = e^{-2\pi |k| \varphi} \end{cases} \quad (11)$$

Ce système admet la solution suivante :

$$P_1 = A \frac{\mu_r - 1}{\mu_r + 1} \frac{1 - B^2}{1 - \left(\dfrac{\mu_r - 1}{\mu_r + 1}\right)^2 B^2} \qquad N_2 = A \frac{2\mu_r}{\mu_r + 1} \frac{1}{1 - \left(\dfrac{\mu_r - 1}{\mu_r + 1}\right)^2 B^2}$$

$$P_2 = -A \frac{2\mu_r}{\mu_r + 1} \frac{\mu_r - 1}{\mu_r + 1} \frac{B^2}{1 - \left(\dfrac{\mu_r - 1}{\mu_r + 1}\right)^2 B^2} \qquad N_3 = A \frac{2\mu_r}{\mu_r + 1} \frac{2}{\mu_r + 1} \frac{1}{1 - \left(\dfrac{\mu_r - 1}{\mu_r + 1}\right)^2 B^2} \quad (12)$$

L'écriture adoptée fait apparaître, en facteur, pour les 4 expressions : un coefficient constant qui donne la proportionnalité à *I* et les coefficients de réflexion ($(\mu_r - 1)/(\mu_r + 1)$) et/ou de transmission ($2\mu_r/(\mu_r + 1)$) de l'induction associée à chaque surface, sachant que, pour la seconde surface, μ_r doit être inversé.

1.3. Forme explicite du champ réfléchi

Pour expliciter les expressions des inductions issues des deux surfaces, il reste, selon (2), à effectuer des transformations de Fourier inverses. Ainsi par exemple, pour le champ réfléchi dans l'air :

$$B_{1rx}(x,y) = \int_{-\infty}^{+\infty} -2\pi|k| P_1(k)\, e^{j2\pi kx} e^{-2\pi|k|y}\, dk = -\frac{\mu_0 I}{2}\frac{\mu_r-1}{\mu_r+1}\int_{-\infty}^{+\infty} \frac{1-e^{-4\pi|k|ep}}{1-\left(\dfrac{\mu_r-1}{\mu_r+1}\right)^2 e^{-4\pi|k|ep}}\, e^{-2\pi|k|(y+h)}e^{j2\pi kx}\, dk \tag{13}$$

Dans ces expressions, il apparaît une fraction qu'il est intéressant de considérer comme la somme d'une série géométrique :

$$\frac{1}{1-\left(\dfrac{\mu_r-1}{\mu_r+1}\right)^2 e^{-4\pi|k|ep}} = \sum_{m=0}^{\infty}\left[\left(\frac{\mu_r-1}{\mu_r+1}\right)^2 e^{-4\pi|k|ep}\right]^m \tag{14}$$

Après quelques manipulations sans difficulté nous établissons également que :

$$\frac{1-e^{-4\pi|k|ep}}{1-\left(\dfrac{\mu_r-1}{\mu_r+1}\right)^2 e^{-4\pi|k|ep}} = 1-\frac{4\mu_r}{(\mu_r+1)^2}\sum_{m=0}^{\infty}\left[\left(\frac{\mu_r-1}{\mu_r+1}\right)^{2m} e^{-4\pi|k|(m+1)\,ep}\right] \tag{15}$$

En reportant (15) dans (13), on remarque que le premier terme de l'induction réfléchie est le même que lorsque le fil est au dessus d'un milieu semi-infini. Les termes suivants se déduisent du premier en le multipliant par une constante dépendant uniquement de μ_r et en remplaçant h par $h + (m+1)ep$.

Le champ réfléchi vaut donc :

$$B_{1rx}(x,y) = -\frac{\mu_0 I}{2\pi}\frac{\mu_r-1}{\mu_r+1}\left[\frac{y+h}{x^2+(y+h)^2} - \frac{4\mu_r}{(\mu_r+1)^2}\sum_{m=0}^{\infty}\left(\frac{\mu_r-1}{\mu_r+1}\right)^{2m}\frac{y+h+2(m+1)ep}{x^2+\left[y+h+2(m+1)ep\right]^2}\right] \tag{16}$$

Cette expression se décompose en 2 termes qu'il est commode d'interpréter comme suit:

- Le 1er est, comme pour le cas milieu semi-infini, l'induction créée par une image filiforme positionnée en $(0,-h)$ et parcourue par un courant $I\dfrac{\mu_r-1}{\mu_r+1}$.

- Le 2nd correspond à la somme des inductions créés par une infinité d'images supplémentaires positionnées en $\left[0,-\left(h+2m\,ep\right)\right]$ (avec $m\geq 1$).

Toutes les images sont donc positionnées sur l'axe Oy, sous la face d'entrée dans la lame, avec une période $2ep$. L'image placée à la position m est parcourue par un courant $I\dfrac{4\mu_r}{\left(\mu_r+1\right)^2}\left(-\dfrac{\mu_r-1}{\mu_r+1}\right)^{2m+1}$. La parenthèse est associée aux réflexions multiples de l'induction sur les bords de la lame (2 réflexions pour un aller retour). L'autre terme multiplicatif traduit les deux passages de surfaces : l'un pour entrer dans la lame, l'autre pour en sortir.

1.4. Résumé et interprétation

1.4.1. Expressions générales des inductions

La méthode à appliquer pour obtenir les expressions des 7 autres composantes de l'induction est la même et les astuces de calcul sont similaires. Afin d'alléger l'exposé, nous présentons directement l'ensemble des huit expressions :

$$B_{1rx}(x,y)=-\frac{\mu_0 I}{2\pi}\left[\frac{\mu_r-1}{\mu_r+1}\frac{y-(-h)}{x^2+\left[y-(-h)\right]^2}-\frac{4\mu_r}{\left(\mu_r+1\right)^2}\frac{\mu_r-1}{\mu_r+1}\sum_{m=0}^{\infty}\left(\frac{\mu_r-1}{\mu_r+1}\right)^{2m}\frac{y-\left[-h-2(m+1)ep\right]}{x^2+\left\{y-\left[-h-2(m+1)ep\right]\right\}^2}\right]$$

$$B_{1ry}(x,y)=\frac{\mu_0 I}{2\pi}\left[\frac{\mu_r-1}{\mu_r+1}\frac{x}{x^2+\left[y-(-h)\right]^2}-\frac{4\mu_r}{\left(\mu_r+1\right)^2}\frac{\mu_r-1}{\mu_r+1}\sum_{m=0}^{\infty}\left(\frac{\mu_r-1}{\mu_r+1}\right)^{2m}\frac{x}{x^2+\left\{y-\left[-h-2(m+1)ep\right]\right\}^2}\right]$$

(17)

$$B_{2x}(x,y)=-\frac{\mu_0 I}{2\pi}\frac{2\mu_r}{\mu_r+1}\sum_{m=0}^{\infty}\left[\left(\frac{\mu_r-1}{\mu_r+1}\right)^{2m}\frac{y-(h+2m\,ep)}{x^2+\left[y-(h+2m\,ep)\right]^2}\right]$$

$$B_{2y}(x,y)=\frac{\mu_0 I}{2\pi}\frac{2\mu_r}{\mu_r+1}\sum_{m=0}^{\infty}\left[\left(\frac{\mu_r-1}{\mu_r+1}\right)^{2m}\frac{x}{x^2+\left[y-(h+2m\,ep)\right]^2}\right]$$

(18)

$$B_{2rx}(x,y)=\frac{\mu_0 I}{2\pi}\frac{2\mu_r}{\mu_r+1}\frac{\mu_r-1}{\mu_r+1}\sum_{m=0}^{\infty}\left[\left(\frac{\mu_r-1}{\mu_r+1}\right)^{2m}\frac{y-\left[-h-2(m+1)ep\right]}{x^2+\left\{y-\left[-h-2(m+1)ep\right]\right\}^2}\right]$$

$$B_{2ry}(x,y)=-\frac{\mu_0 I}{2\pi}\frac{2\mu_r}{\mu_r+1}\frac{\mu_r-1}{\mu_r+1}\sum_{m=0}^{\infty}\left[\left(\frac{\mu_r-1}{\mu_r+1}\right)^{2m}\frac{x}{x^2+\left\{y-\left[-h-2(m+1)ep\right]\right\}^2}\right]$$

(19)

$$B_{3ix}(x,y) = -\frac{\mu_0 I}{2\pi} \frac{4\mu_r}{(\mu_r+1)^2} \sum_{m=0}^{\infty} \left[\left(\frac{\mu_r-1}{\mu_r+1}\right)^{2m} \frac{y-(h+2m\,ep)}{x^2 + \left[y-(h+2m\,ep)\right]^2} \right]$$

$$B_{3iy}(x,y) = \frac{\mu_0 I}{2\pi} \frac{4\mu_r}{(\mu_r+1)^2} \sum_{m=0}^{\infty} \left[\left(\frac{\mu_r-1}{\mu_r+1}\right)^{2m} \frac{x}{x^2 + \left[y-(h+2m\,ep)\right]^2} \right]$$

(20)

Pour finir, n'oublions pas que, dans la zone 1, il faut ajouter l'induction (1) créée directement par le fil source.

1.4.2. Interprétation des images

Nous avons vu que le plan $y = 0$ produit, lorsqu'il est seul, une image en $-h$. Le second plan va créer les images du fil et de son image et ces images vont à leur tour être dupliquées par le premier plan.... En définitive, ces réflexions multiples engendrent un réseau périodique d'images (2 images par période) situées en : $y = 2m\,ep \pm h$ (Figure 2).

Les relations (17) à (20), le montrent : les champs (à l'extérieur et à l'intérieur de la lame) s'obtiennent en additionnant, au champ du fil source, les champs de certains fils images. Si *m* est un entier positif ou nul, pour les champs se dirigeant dans le sens Oy, les images à prendre en compte, sont celles situées en $y = -2(m+1)ep - h$. Pour ceux allant en sens inverse, les images impliquées sont celles situées en $y = 2m\,ep + h$ exceptée en $m = 0$ où la position est en fait celle du fil source.

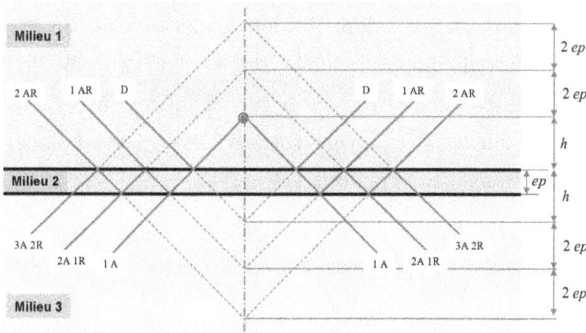

Figure 2 : Trajets de l'induction créée par chaque image
D : direct, A : aller, R : retour

Les courants parcourant ces images dépendent des franchissements de surfaces et des réflexions sur les surfaces qui jalonnent le chemin. Pour passer d'une image à la suivante, il faut deux réflexions supplémentaires (pour un aller et retour de plus) mais le nombre de traversées est inchangé.

2. EXTENSION ET GÉNÉRALISATION

2.1. Lame séparant des milieux différents

Selon l'interprétation précédente, la position des images ne dépend pas des perméabilités des milieux. En revanche les courants circulant dans les images en sont fortement dépendants. Il est facile d'étendre le résultat ci-dessus au cas où les trois milieux présentent des perméabilités distinctes et quelconques (numérotées, de haut en bas de 1 à 3). Pour cela nous posons :

- Pour chaque milieu i : $\mu_i = \mu_0 \mu_{ri}$. C'est la perméabilité absolue du milieu i.

- Pour chaque interface : r_{ij} et t_{ij} appelés respectivement, coefficients de réflexion et de transmission de l'induction venant du milieu i.

$$r_{ij} = \frac{\mu_j - \mu_i}{\mu_j + \mu_i} \quad \text{et :} \quad t_{ij} = \frac{2\mu_j}{\mu_j + \mu_i}$$

Ces deux grandeurs, dont l'ordre des indices est déterminé par le sens de propagation du champ incident, se calculent de la même façon avec les valeurs absolues et relatives de la perméabilité. En revanche, le sens d'arrivée sur la surface (ici i vers j selon l'ordre des indices) n'est pas indifférent. Retenons également que $1 + r_{ij} = t_{ij}$.

$$B_{1rx}(x,y) = -\frac{\mu_1.I}{2\pi}\left[r_{12}\frac{y-(-h)}{x^2+[y-(-h)]^2} + t_{12}t_{21}r_{21}\sum_{m=0}^{\infty}\left((r_{21}r_{23})^m\frac{y-[-h-2(m+1)ep]}{x^2+\{y-[-h-2(m+1)ep]\}^2}\right)\right]$$

$$B_{1ry}(x,y) = \frac{\mu_1.I}{2\pi}\left[r_{12}\frac{x}{x^2+[y-(-h)]^2} + t_{12}t_{21}r_{21}\sum_{m=0}^{\infty}\left((r_{21}r_{23})^m\frac{x}{x^2+\{y-[-h-2(m+1)ep]\}^2}\right)\right] \quad \textbf{(21)}$$

$$B_{2tx}(x,y) = -\frac{\mu_1.I}{2\pi}t_{12}\sum_{m=0}^{\infty}\left((r_{21}r_{23})^m\frac{y-(h+2mep)}{x^2+[y-(h+2mep)]^2}\right)$$

$$B_{2ty}(x,y) = \frac{\mu_1.I}{2\pi}t_{12}\sum_{m=0}^{\infty}\left((r_{21}r_{23})^m\frac{x}{x^2+[y-(h+2mep)]^2}\right) \quad \textbf{(22)}$$

$$B_{2rx}(x,y) = -\frac{\mu_1.I}{2\pi}t_{12}r_{23}\sum_{m=0}^{\infty}\left((r_{21}r_{23})^m\frac{y-[-h-2(m+1)ep]}{x^2+\{y-[-h-2(m+1)ep]\}^2}\right)$$

$$B_{2rx}(x,y) = \frac{\mu_1.I}{2\pi}t_{12}r_{23}\sum_{m=0}^{\infty}\left((r_{21}r_{23})^m\frac{x}{x^2+\{y-[-h-2(m+1)ep]\}^2}\right) \quad \textbf{(23)}$$

$$B_{3tx}(x,y) = -\frac{\mu_1.I}{2\pi}t_{12}t_{23}\sum_{m=0}^{\infty}\left((r_{21}r_{23})^m\frac{y-(h+2mep)}{x^2+[y-(h+2mep)]^2}\right)$$

$$B_{3tx}(x,y) = \frac{\mu_1.I}{2\pi}t_{12}t_{23}\sum_{m=0}^{\infty}\left((r_{21}r_{23})^m\frac{x}{x^2+[y-(h+2mep)]^2}\right) \quad \textbf{(24)}$$

2.2. Fil dans la lame

Maintenant, nous déplaçons le fil du dispositif précédent dans la lame (milieu 2) dont la face supérieure reste en $y = 0$. Dans ces conditions, nous ne parlons plus d'induction réfléchie ou transmise car, à l'intérieur de la lame, cette qualification ne permet pas de connaître le sens de propagation. En remplacement, nous attribuons un indice p à un champ qui va vers les y positifs (*p* comme positif) et un indice *n* à celui qui va dans la direction opposée.

Les trajets des inductions issues des différentes images sont représentés sur la Figure 3. Le champ émis vers les y négatifs par le fil donne naissance aux champs figurant à gauche et inversement. On voit que, dans la lame, toutes les images ajoutent leur contribution au champ du fil. A l'extérieur en revanche, les images situées du côté du champ évalué ne contribuent pas.

Pour terminer, rappelons que, dans le milieu 2, l'induction totale s'obtient en ajoutant l'induction produite par le fil source (Relations (1) avec h changé en $-h$).

$$Bi_x = -\frac{\mu_2 I}{2\pi} \frac{y-(-h)}{x^2 + \left[y-(-h)\right]^2}$$
$$Bi_y = \frac{\mu_2 I}{2\pi} \frac{x}{x^2 + \left[y-(-h)\right]^2} \tag{25}$$

$$B_{1px}(x,y) = -\frac{\mu_2 I}{2\pi} t_{21} \sum_{m=0}^{\infty}\left[(r_{21}r_{23})^m \left(\frac{y-(-h-2m\ ep)}{x^2 + \left[y-(-h-2m\ ep)\right]^2} + r_{23}\frac{y-\left[h-2(m+1)ep\right]}{x^2 + \left\{y-\left[h-2(m+1)ep\right]\right\}^2} \right) \right]$$
$$B_{1py}(x,y) = \frac{\mu_2 I}{2\pi} t_{21} \sum_{m=0}^{\infty}\left[(r_{21}r_{23})^m \left(\frac{x}{x^2 + \left[y-(-h-2m\ ep)\right]^2} + r_{23}\frac{x}{x^2 + \left\{y-\left[h-2(m+1)ep\right]\right\}^2} \right) \right] \tag{26}$$

$$B_{2px}(x,y) = -\frac{\mu_2 I}{2\pi} r_{23} \sum_{m=0}^{\infty}\left[(r_{21}r_{23})^m \left(\frac{y-\left[h-2(m+1)\ ep\right]}{x^2 + \left\{y-\left[h-2(m+1)\ ep\right]\right\}^2} + r_{21}\frac{y-\left[-h-2(m+1)ep\right]}{x^2 + \left\{y-\left[h-2(m+1)ep\right]\right\}^2} \right) \right]$$
$$B_{2py}(x,y) = \frac{\mu_2 I}{2\pi} r_{23} \sum_{m=0}^{\infty}\left[(r_{21}r_{23})^m \left(\frac{x}{x^2 + \left\{y-\left[h-2(m+1)\ ep\right]\right\}^2} + r_{21}\frac{x}{x^2 + \left\{y-\left[h-2(m+1)ep\right]\right\}^2} \right) \right] \tag{27}$$

$$B_{2nx}(x,y) = -\frac{\mu_2 I}{2\pi} r_{21} \sum_{m=0}^{\infty}\left[(r_{21}r_{23})^m \left(\frac{y-(h+2m\ ep)}{x^2 + \left[y-(h+2m\ ep)\right]^2} + r_{23}\frac{y-\left[-h+2(m+1)ep\right]}{x^2 + \left\{y-\left[-h+2(m+1)ep\right]\right\}^2} \right) \right]$$
$$B_{2ny}(x,y) = \frac{\mu_2 I}{2\pi} r_{21} \sum_{m=0}^{\infty}\left[(r_{21}r_{23})^m \left(\frac{x}{x^2 + \left[y-(h+2m\ ep)\right]^2} + r_{23}\frac{x}{x^2 + \left\{y-\left[-h+2(m+1)ep\right]\right\}^2} \right) \right] \tag{28}$$

$$B_{3nx}(x,y) = -\frac{\mu_2 I}{2\pi} t_{23} \sum_{m=0}^{\infty}\left[(r_{21}r_{23})^m \left(\frac{y-(-h+2m\ ep)}{x^2 + \left[y-(-h+2m\ ep)\right]^2} + r_{21}\frac{y-(h+2m\ ep)}{x^2 + \left[y-(h+2m\ ep)\right]^2} \right) \right]$$
$$B_{3ny}(x,y) = \frac{\mu_2 I}{2\pi} t_{23} \sum_{m=0}^{\infty}\left[(r_{21}r_{23})^m \left(\frac{x}{x^2 + \left[y-(-h+2m\ ep)\right]^2} + r_{21}\frac{x}{x^2 + \left[y-(h+2m\ ep)\right]^2} \right) \right] \tag{29}$$

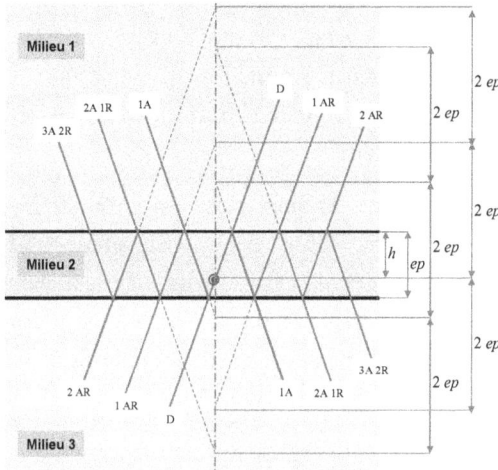

Figure 3 : Trajets de l'induction associée à chaque image.
D : direct, A : aller, R : retour

2.3. Empilement de lames

La méthode de mise en équations présentée dans cette annexe est applicable à un empilement de lames en nombre quelconque. En effet, dès qu'on ajoute une lame, deux fonctions de k supplémentaires doivent être recherchées mais, en introduisant une surface supplémentaire, les conditions de continuité fournissent précisément les deux équations manquantes.

Les relations trouvées sont plus complexes mais, sur le fond, elles ne changent pas beaucoup et elles admettent toujours une représentation par des images, sous réserve d'en introduire un plus grand nombre.

2.4. Conducteurs rectilignes non filiformes

Un raisonnement simple montre que les calculs précédents sont exploitables si le courant source n'est pas filiforme. En effet, si un conducteur rectiligne est parallèle aux surfaces de l'empilement, on peut scinder sa section en surfaces élémentaires. Chacune d'elles étant assimilable à la section d'un fil très fin, on peut lui appliquer la méthode des images présentée ici. Ensuite, en superposant les champs relatifs à toutes ces sources, on peut conclure. A titre d'exemple, le remplacement du fil par une nappe de courant uniforme, un fil cylindrique, un conducteur méplat mène à des images de mêmes formes et le calcul du champ ne présente plus aucune difficulté.

En définitive, nous sommes amenés à introduire une infinité d'images du conducteur initial en les plaçant, comme pour le fil, d'une manière périodique et en multipliant la densité du courant source par le même facteur que pour le fil. Si la densité de courant n'est pas uniforme dans le conducteur (effet de peau par exemple) il suffit de tenir compte de la densité réelle au sein de chaque image.

Bien entendu, on peut également traiter de cette façon un ensemble de conducteurs.

Annexe 6

Data sheet-E58/11/38-Planar E cores

FERROXCUBE

DATA SHEET

E58/11/38
Planar E cores and accessories

Supersedes data of September 2004　　　　　　2008 Sep 01

Planar E cores and accessories   E58/11/38

CORES

Effective core parameters of a set of E cores

SYMBOL	PARAMETER	VALUE	UNIT
$\Sigma(l/A)$	core factor (C1)	0.268	mm^{-1}
V_e	effective volume	24600	mm^3
l_e	effective length	80.6	mm
A_e	effective area	308	mm^2
A_{min}	minimum area	308	mm^2
m	mass of core half	≈ 62	g

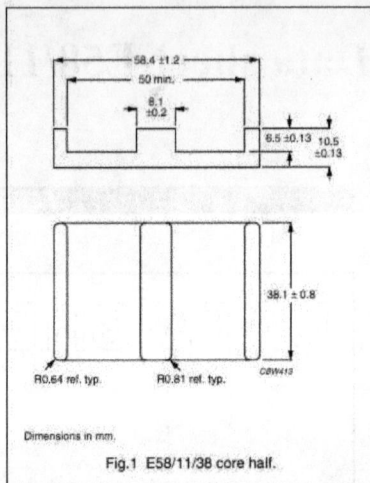

Dimensions in mm.

Fig.1 E58/11/38 core half.

Effective core parameters of an E/PLT combination

SYMBOL	PARAMETER	VALUE	UNIT
$\Sigma(l/A)$	core factor (C1)	0.224	mm^{-1}
V_e	effective volume	20800	mm^3
l_e	effective length	67.7	mm
A_e	effective area	310	mm^2
A_{min}	minimum area	310	mm^2
m	mass of core half	≈ 44	g

Ordering information for plates

GRADE	TYPE NUMBER
3C90	PLT58/38/4-3C90
3C92 des	PLT58/38/4-3C92
3C93 des	PLT58/38/4-3C93
3C94	PLT58/38/4-3C94
3C95 des	PLT58/38/4-3C95
3F3	PLT58/38/4-3F3
3F4 des	PLT58/38/4-3F4

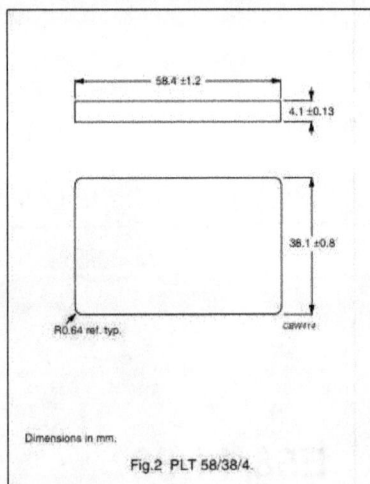

Dimensions in mm.

Fig.2 PLT 58/38/4.

Planar E cores and accessories

E58/11/38

Core halves for use in combination with an E core
A_L measured in combination with a non-gapped core half, clamping force for A_L measurements, 40 ±20 N, unless stated otherwise.

GRADE	A_L (nH)	μ_e	TOTAL AIR GAP (μm)	TYPE NUMBER
3C90	315 ±3%[1]	≈ 67	≈ 1400	E58/11/38-3C90-E315-E
	400 ±3%[1]	≈ 85	≈ 1100	E58/11/38-3C90-E400-E
	630 ±5%[1]	≈ 134	≈ 650	E58/11/38-3C90-E630-E
	1000 ±5%	≈ 213	≈ 400	E58/11/38-3C90-A1000-E
	1600 ±10%	≈ 341	≈ 200	E58/11/38-3C90-A1600-E
	8480 ±25%	≈ 1800	≈ 0	E58/11/38-3C90
3C92 des	6600 ±25%	≈ 1410	≈ 0	E58/11/38-3C92
3C93 des	7710 ±25%	≈ 1640	≈ 0	E58/11/38-3C93
3C94	315 ±3%[1]	≈ 67	≈ 1400	E58/11/38-3C94-E315-E
	400 ±3%[1]	≈ 85	≈ 1100	E58/11/38-3C94-E400-E
	630 ±5%[1]	≈ 134	≈ 650	E58/11/38-3C94-E630-E
	1000 ±5%	≈ 213	≈ 400	E58/11/38-3C94-A1000-E
	1600 ±10%	≈ 341	≈ 200	E58/11/38-3C94-A1600-E
	8480 ±25%	≈ 1800	≈ 0	E58/11/38-3C94
3C95 des	10330 ±25%	≈ 2150	≈ 0	E58/11/38-3C95
3F3	315 ±3%[1]	≈ 67	≈ 1400	E58/11/38-3F3-E315-E
	400 ±3%[1]	≈ 85	≈ 1100	E58/11/38-3F3-E400-E
	630 ±5%[1]	≈ 134	≈ 650	E58/11/38-3F3-E630-E
	1000 ±5%	≈ 213	≈ 400	E58/11/38-3F3-A1000-E
	1600 ±10%	≈ 341	≈ 200	E58/11/38-3F3-A1600-E
	7710 ±25%	≈ 1640	≈ 0	E58/11/38-3F3
3F4 des	315 ±3%[1]	≈ 67	≈ 1400	E58/11/38-3F4-E315-E
	400 ±3%[1]	≈ 85	≈ 1100	E58/11/38-3F4-E400-E
	630 ±5%[1]	≈ 134	≈ 650	E58/11/38-3F4-E630-E
	1000 ±5%	≈ 213	≈ 400	E58/11/38-3F4-A1000-E
	1600 ±10%	≈ 341	≈ 200	E58/11/38-3F4-A1600-E
	4030 ±25%	≈ 860	≈ 0	E58/11/38-3F4

Note
1. Measured in combination with an equal gapped E core half, clamping force for A_L measurements, 40 ±20 N.

Planar E cores and accessories   E58/11/38

Core halves for use in combination with a plate (PLT)
A_L measured in combination with a plate (PLT), clamping force for A_L measurements, 40 ±20 N.

GRADE	A_L (nH)	μ_e	AIR GAP (μm)	TYPE NUMBER
3C90	315 ±3%	≈ 56	≈ 1400	E58/11/38-3C90-A315-P
	400 ±3%	≈ 71	≈ 1100	E58/11/38-3C90-A400-P
	630 ±5%	≈ 112	≈ 650	E58/11/38-3C90-A630-P
	1000 ±5%	≈ 178	≈ 400	E58/11/38-3C90-A1000-P
	1600 ±10%	≈ 285	≈ 200	E58/11/38-3C90-A1600-P
	9970 ±25%	≈ 1780	≈ 0	E58/11/38-3C90
3C92 des	7770 ±25%	≈ 1390	≈ 0	E58/11/38-3C92
3C93 des	9070 ±25%	≈ 1620	≈ 0	E58/11/38-3C93
3C94	315 ±3%	≈ 56	≈ 1400	E58/11/38-3C94-A315-P
	400 ±3%	≈ 71	≈ 1100	E58/11/38-3C94-A400-P
	630 ±5%	≈ 112	≈ 650	E58/11/38-3C94-A630-P
	1000 ±5%	≈ 178	≈ 400	E58/11/38-3C94-A1000-P
	1600 ±10%	≈ 285	≈ 200	E58/11/38-3C94-A1600-P
	9970 ±25%	≈ 1780	≈ 0	E58/11/38-3C94
3C95 des	12090 ±25%	≈ 2100	≈ 0	E58/11/38-3C95
3F3	315 ±3%	≈ 56	≈ 1400	E58/11/38-3F3-A315-P
	400 ±3%	≈ 71	≈ 1100	E58/11/38-3F3-A400-P
	630 ±5%	≈ 112	≈ 650	E58/11/38-3F3-A630-P
	1000 ±5%	≈ 178	≈ 400	E58/11/38-3F3-A1000-P
	1600 ±10%	≈ 285	≈ 200	E58/11/38-3F3-A1600-P
	9070 ±25%	≈ 1620	≈ 0	E58/11/38-3F3
3F4 des	315 ±3%	≈ 56	≈ 1400	E58/11/38-3F4-A315-P
	400 ±3%	≈ 71	≈ 1100	E58/11/38-3F4-A400-P
	630 ±5%	≈ 112	≈ 650	E58/11/38-3F4-A630-P
	1000 ±5%	≈ 178	≈ 400	E58/11/38-3F4-A1000-P
	1600 ±10%	≈ 285	≈ 200	E58/11/38-3F4-A1600-P
	4780 ±25%	≈ 850	≈ 0	E58/11/38-3F4

Planar E cores and accessories   E58/11/38

Properties of core sets under power conditions

GRADE	B (mT) at	CORE LOSS (W) at			
	H = 250 A/m; f = 10 kHz; T = 100 °C	f = 100 kHz; B = 100 mT; T = 100 °C	f = 100 kHz; B = 200 mT; T = 25 °C	f = 100 kHz; B = 200 mT; T = 100 °C	f = 400 kHz; B = 50 mT; T = 100 °C
E+E58-3C90	≥320	≤ 3.0	–	–	–
E+PLT58-3C90	≥320	≤ 2.6	–	–	–
E+E58-3C92	≥370	≤ 2.4	–	≤ 15	–
E+PLT58-3C92	≥370	≤ 2.0	–	≤ 13	–
E+E58-3C93	≥320	≤ 2.4[1]	–	≤ 15[1]	–
E+PLT58-3C93	≥320	≤ 2.0[1]	–	≤ 13[1]	–
E+E58-3C94	≥320	≤ 2.4	–	≤ 15	–
E+PLT58-3C94	≥320	≤ 2.0	–	≤ 13	–
E+E58-3C95	≥320	–	≤ 15.5	≤ 14.8	–
E+PLT58-3C95	≥320	–	≤ 13.1	≤ 12.5	–
E+E58-3F3	≥300	≤ 3.0	–	–	≤ 4.7
E+PLT58-3F3	≥300	≤ 2.6	–	–	≤ 4.0
E+E58-3F4	≥250	–	–	–	–
E+PLT58-3F4	≥250	–	–	–	–

1. Measured at 140 °C.

Properties of core sets under power conditions (continued)

GRADE	B (mT) at	CORE LOSS (W) at			
	H = 250 A/m; f = 10 kHz; T = 100 °C	f = 500 kHz; B = 50 mT; T = 100 °C	f = 500 kHz; B = 100 mT; T = 100 °C	f = 1 MHz; B = 30 mT; T = 100 °C	f = 3 MHz; B = 10 mT; T = 100 °C
E+E58-3F4	≥250	–	–	≤ 7.4	≤ 12
E+PLT58-3F4	≥250	–	–	≤ 6.25	≤ 10

209

www.ingramcontent.com/pod-product-compliance
Lightning Source LLC
Chambersburg PA
CBHW021038210326
41598CB00016B/1058